基于"职业教育改革实施方案"和"提质培优"的烹饪品牌专业建设系列教材

食品雕刻与盘饰

主　编　何艳军　陆海青
副主编　练勋慧　陈有东　杨发全

 合肥工业大学出版社

图书在版编目(CIP)数据

食品雕刻与盘饰/何艳军，陆海青主编.—合肥：合肥工业大学出版社，2022.6（2023.8重印）
ISBN 978-7-5650-5908-7

Ⅰ.①食… Ⅱ.①何…②陆… Ⅲ.①食品雕刻 Ⅳ.①TS972.114

中国版本图书馆CIP数据核字（2022）第092999号

食品雕刻与盘饰

何艳军　陆海青　主编 　　　　　　　　　　　责任编辑　毕光跃

出　版	合肥工业大学出版社	版　次	2022年6月第1版
地　址	合肥市屯溪路193号	印　次	2023年8月第2次印刷
邮　编	230009	开　本	787毫米×1092毫米　1/16
电　话	理工图书出版中心：0551-62903204	印　张	6.75
	营销与储运管理中心：0551-62903198	字　数	153千字
网　址	press.hfut.edu.cn	印　刷	安徽联众印刷有限公司
E-mail	hfutpress@163.com	发　行	全国新华书店

ISBN 978-7-5650-5908-7　　　　　　　　　　　定价：39.80元

如果有影响阅读的印装质量问题，请与出版社营销与储运管理中心联系调换。

前　言

近年来，随着经济的发展，人们对饮食的要求不断提高，菜肴装饰艺术越来越被重视，雕刻、盘饰技艺得以迅猛发展，形式不断创新，用料更为广泛。雕刻、盘饰技艺的运用，极大地繁荣和推动了我国烹饪文化的发展。为了紧跟时代发展的步伐，拓展学生的知识面，提高教师的教学水平，我们推出了本教材。本教材吸纳了行业前沿的新知识、新原料、新工艺，图文并茂，清晰直观反映了作品的原料、工艺及特点，是烹饪专业教师、学生及餐饮从业人员值得收藏的一本专业书。

本书以食品雕刻、盘饰制作为核心教学内容，食品雕刻部分共5个项目，19个任务；盘饰部分共5个项目，14个任务。本书根据烹饪专业学生的特点，采用"项目任务式"的编写模式，同时书中穿插食品雕刻与盘饰的相关知识、人文天地两个板块，将职业素养和专业拓展知识有机地融入本书中，以培养学生的职业素质、拓宽学生的知识面。通过学习本书的食品雕刻、盘饰制作，能全面提高打荷岗位的工作能力，展台、盘饰的设计与创新能力。

本书由广西商业技师学院何艳军、陆海青担任主编，负责本书的框架设计，统筹分工及定稿工作；广西商业技师学院练勖慧、陈有东、扬发全任副主编，协助主编完成本书的教学资源建设；广西商业技师学院胡标、雷小兵、梁宇锋、刘文宽、蒋君、唐光天、苏慧双及南宁市第一职业技术学校宾洋老师、广西桂林商贸旅游技工学校刘艺老师、广西新闻出版技工学校张敬宇老师、桂林技师学院黄福海老师等也参与了编写工作和部分课程资源的建设工作。

本书编写过程中，参考了大量的专著和相关书籍，参阅了一些文献和网络资料，引用了相关图片和内容，在此一并向相关作者表示感谢！

由于编者的水平有限，书中难免会出现一些不足之处，真诚地希望广大同行、老师及学生们提出宝贵意见，以便下次修订时不断完善。

编　者

2022年5月25日

目　录

模块一　食品雕刻 ··· (001)

项目一　食品雕刻基础知识 ··· (001)

任务一　食品雕刻的常用原料 ··· (001)

任务二　食品雕刻工具的种类与应用 ·· (007)

任务三　食品雕刻的种类及刀法 ··· (011)

项目二　基础雕刻 ·· (016)

任务一　圆球 ·· (016)

任务二　玲珑球 ·· (019)

任务三　拱桥 ·· (021)

任务四　宝塔 ·· (024)

项目三　花卉雕刻 ·· (027)

任务一　马蹄莲 ·· (027)

任务二　菊花 ·· (029)

任务三　月季花 ·· (031)

任务四　山茶花 ·· (034)

任务五　荷花 ·· (036)

任务六　牡丹花 ·· (038)

项目四　鱼虫雕刻 ·· (041)

任务一　神仙鱼 ·· (041)

任务二　游虾 ·· (043)

任务三　蝴蝶 ·· (045)

项目五　禽鸟雕刻 ·· （048）

　　任务一　相思鸟 ·· （048）

　　任务二　仙鹤 ·· （051）

　　任务三　锦鸡 ·· （054）

模块二　盘饰制作 ·· （057）

项目一　盘饰基础知识 ·· （057）

　　任务一　菜肴盘饰的作用与运用规则 ·········· （057）

　　任务二　菜肴装饰的类型 ························ （062）

项目二　花草盘饰作品制作 ···························· （072）

　　任务一　勃勃生机 ·· （072）

　　任务二　花香 ·· （074）

　　任务三　笑口常开 ·· （076）

项目三　水果盘饰 ·· （078）

　　任务一　情雅意韵 ·· （078）

　　任务二　风华恋舞 ·· （080）

　　任务三　唯美星辰 ·· （083）

项目四　果酱盘饰 ·· （085）

　　任务一　梅花 ·· （085）

　　任务二　荷花 ·· （088）

　　任务一　喇叭花 ·· （090）

项目五　糖艺盘饰 ·· （094）

　　任务一　牵牛花 ·· （094）

　　任务二　牡丹花 ·· （097）

　　任务三　蘑菇 ·· （099）

模块一　食品雕刻

项目一　食品雕刻基础知识

▶ 项目介绍

食品雕刻是指运用特殊的刀具、刀法，将具备雕刻特性的烹饪原料雕刻成为具有完整实物形象造型的一门基本技艺。食品雕刻的目的是为了装饰、美化菜点，烘托宴席气氛，增进食欲，使人们在品尝美味佳肴的同时得到造型艺术及视觉艺术的享受。

食品雕刻在烹饪应用方面的作用概括起来，主要有以下两点。

1. 菜点的点缀作用

食品雕刻作品在烹饪应用中主要是用来点缀、装饰菜肴和点心，给菜点增加审美效果及艺术感染力，从而提升菜点的价值和档次。如一只脆皮鸡砍成块单独堆放在盘中难免显得有些单调、呆板，而在一侧放上一朵萝卜花，便立即生机盎然，鲜亮明快，使菜肴增色不少。在实际应用中，大部分的雕品都是用于点缀菜肴，为衬托菜肴而制作的。

2. 菜肴的组成部分

在烹饪造型艺术中，有些菜肴必须和雕刻作品一起，才能组成一个完整的整体，否则就会对菜肴的整体形象产生很大的破坏。在这些菜肴之中，雕品是一个重要的有机组成部分，没有雕品的存在，菜肴就不能成为一个完美的作品。这种形式多见于冷菜，如冷菜"孔雀展翅""龙凤呈祥"等。

任务一　食品雕刻的常用原料

学习目标

☆ 掌握食品雕刻常用原料的种类。
☆ 能描述雕刻用原料的特性与雕刻用途。
☆ 能熟记萝卜、冬瓜、西瓜、琼脂的雕刻用途。

食品雕刻一般都使用具有脆性的瓜果，也常使用熟的韧性原料。在选料时应注意：脆性原料要脆嫩不软，皮中无筋，形态端正，内实不空，色泽鲜艳而无破损；韧性原料要有韧性，不松散，便于雕刻。由于雕刻的原料种类很多，在色泽、质地、形态等方面各有不同，雕刻时应根据作品的实际需要，恰当选料，才能制作出好的雕刻作品来。

一、植物性原料

（一）根茎类原料

（1）白萝卜：普通白萝卜呈长圆筒形，表皮光滑，个体较大；象牙白萝卜呈长圆形，质地嫩而细密，颜色洁白，是雕刻花瓶、花卉以及整雕的鸟、兽、虫、草、人物、亭阁等形象的好材料。

（2）红皮萝卜：体大肉厚、肉质纯白洁净，还有一层薄薄的、鲜红可爱的表皮，可以利用其表皮与肉质的色差来进行图案刻画，红白相衬的图案视觉效果甚美；也可以选用个体较小的红皮萝卜来雕刻各种形状的花卉，作品别具特色。

（3）心里美萝卜：萝卜表皮上部呈浅绿色，下部为浅白色，肉质为粉红、玫瑰红或紫红色，正好与一些自然界花卉的色彩相似，如紫玫瑰、紫月季、牡丹、菊花等。心里美萝卜最适合雕刻花卉作品。

（4）青萝卜：皮和肉均为翠绿色，肉质比较紧密，常用来雕刻绿色的菊花、牡丹、孔雀、螳螂、蝈蝈及羽毛为绿色的小鸟等。

（5）紫萝卜：表皮和肉质均呈深紫色，体长，可用于雕刻紫花、紫月季以及多种小花。

（6）胡萝卜：肉质细密，颜色以鹅黄色和橘红色最为常见，是雕刻菊花、月季花、牵牛花、喇叭花、梅花、金鱼等理想的原料，也常常被用来刻制各种花卉的花蕊，多种飞禽的喙、爪以及各种用以点缀的图案，是使用最为广泛的雕刻原料之一。

（7）红菜头：皮和肉质均呈玫瑰红、深红色或紫红色，色彩浓艳润泽，间或有美观的纹路，是雕刻牡丹、菊花、蝴蝶花等花卉的理想原料。

（8）芜菁：也叫土苤蓝，体大肉实，表皮淡绿色，外形呈圆形或扁圆形，可用来刻制多种花卉、鸟兽等造型。

（9）马铃薯：又叫土豆、洋芋、山药蛋等，种类很多，外形有球形、椭圆形、扁平形、细长形；表皮有黄、白、红色；块茎肉质有白、黄两色，以白色为常见。马铃薯没有筋络，肉质细腻，以肉色洁白者用途较普遍，适用于雕刻花卉、动物和人物等作品。

（10）芋头：又名芋菜头，呈圆形，肉质细密，由于形体较大，常用于拼接做大型假山及支架，也适宜雕刻花朵、人物、鸟兽等题材作品。

（11）白薯：呈粉红色或浅红色，肉质有"白瓤"和"红瓤"之分，白瓤呈肉色，质地细韧致密，可用以雕刻各种花卉、动物和人物。

（12）洋葱：形状有扁形、球形、纺锤形，颜色有白色、浅紫色和微黄色，质地柔软、略脆嫩、有自然层次，可用以雕刻荷花、睡莲、玉兰等花卉。

（13）大葱：一般用其葱白，色泽洁白、有层次，可用以雕刻小型菊花、花鼓葱或小野花等。

（14）莴苣：即莴苣，又名青笋、莴菜，茎粗壮肥硬，叶有绿、紫两种，肉质细嫩且润泽如玉，多翠绿，亦有淡绿的，可以用来雕刻龙、翠鸟、菊花以及镯、簪、服饰、绣球、青蛙、螳螂、蝈蝈等。

白萝卜	红萝卜	心里美萝卜
青萝卜	樱桃红萝卜	胡萝卜
红菜头	芜菁	马铃薯
芋头	红薯	洋葱

莴笋 　　　　　　　　大葱 　　　　　　　　凉薯

图1-1-1　常用于雕刻的根茎类原料

（二）瓜果类原料

（1）南瓜：用于食品雕刻的南瓜主要为牛腿瓜。牛腿瓜的上端是实心的，只有底部小部分是中空含瓤的，是雕刻大型食雕的最佳原料，可以雕刻各种黄颜色的花卉，如菊花、玫瑰、月季及立体凤、孔雀等等。此外，南瓜还是雕刻龙、牛、马、狮、虎等动物，人物，篓、编织类造型和亭台楼阁及大型马车的适宜原料。

（2）西红柿：又称番茄，颜色有大红、粉红、橙红和黄色，形状有圆形、扁圆形、椭圆形、卵圆等。番茄色泽鲜艳光亮，成熟时，皮、肉颜色一致，可利用其皮和外层肉进行雕刻简单造型花卉，如荷花、单片状花朵等，还可以作拼摆图案的拉花材料及小盅器皿等。

（3）黄瓜：外皮呈黄绿色和深黄色，肉质淡青色或青白色，用于雕刻船、盅、青蛙、蜻蜓、蝈蝈、螳螂等。黄瓜皮可以单独制作拼摆的平面图案，也可根据需要与其他原料配合用于装饰菜肴，是使用最为广泛的盘饰原料之一。

（4）笋瓜：呈长圆形，表面光滑，肉质细密，可用以雕刻花卉、人物、动物、亭台楼阁，亦可用来做其他造型物的基座。

（5）冬瓜：可进行与西瓜相似的浮刻创作，也通常用来雕刻大型的瓜盅、花篮及甲鱼背壳和大型的龙舟等。

（6）西瓜：一般用于雕刻西瓜灯或西瓜盅。由于瓜皮和肉质颜色有深浅差别，故常取整个瓜在其表皮上进行刻画创作，具有较高的艺术欣赏性。

（7）茄子：可单独用来雕刻花卉等，亦可利用表皮色彩作为其他造型的装点色。

（8）柿子椒：其肉质不丰厚，且内空，故不能用作造型复杂的雕刻原料，可用以小型整雕青蛙或雕刻单层瓣、最多双层瓣的花卉。由于其色泽优美，常用来做拼摆和平面雕刻的材料，也是装点其他造型的材料。

（9）樱桃：小圆果，皮肉均呈鲜红色。樱桃可刻制小花，常被用作装点材料。

除上述瓜果外，甜瓜、菜瓜、苹果、柑橘、菠萝、猕猴桃等都可视情况作为食品雕刻的原料。

（三）叶菜原料

（1）大白菜：有的地方称黄芽菜，使用时一般剥除外帮，切去上半截叶子，留下半截靠根部的菜梗使用。大白菜色泽清爽淡雅，有自然层次，常用来作为雕刻菊花的原料。

（2）上海青：又叫上海白菜、苏州青、青梗白菜、小棠菜等，叶上茎多，菜茎白绿，叶子碧绿。常用上海青的茎雕刻成白绿色莲花。

图1-1-2　常用于雕刻的瓜果类原料

二、其他原料

（1）鸡蛋糕：可根据需要添加各色蔬菜或水果汁制成不同色彩，雕刻时要选用具有一定体积、质地细腻紧密、着色均匀一致的糕体原料，用于拼盘中简单花卉品种、龙头、凤头、亭阁等简易造型的雕刻。

（2）熟蛋：如鸡蛋、鸭蛋、鹅蛋等，加工成熟后改刀成形，用作冷拼造型中鸟的嘴、眼、翅或各种花形，还可制成花篮、荷花、金鱼、玉兔、白鹅、小猪等简易造型。

白菜　　　　　　　上海青

图1-1-3　常用雕刻的叶菜原料

红薯雕刻作品

白萝卜雕刻作品

紫薯雕刻作品

南瓜雕刻作品

紫甘蓝雕刻作品

洋葱雕刻作品

苹果雕刻作品

芋头雕刻作品

青萝卜雕刻作品

图1-1-4　部分原料雕刻作品赏析

（3）各类肉糕：如午餐肉、鱼糕、肉糕等，由各种动物性茸泥原料加淀粉等配料制成，这类肉糕原料雕刻时以粗线条为主，显示物象大体轮廓即可，如宝塔、小桥、廊桥等，还可用作冷拼造型的辅助性原料，如翅羽、长羽及羽毛等。

（4）豆腐：豆腐富含蛋白质，营养价值极高。豆腐放入水中雕刻成龙凤呈祥、雄鹰展翅、金鱼戏莲等豆腐雕作品，极具欣赏价值。

（5）琼脂：琼脂是一种新型食品雕刻原料，可以反复使用。将琼脂加水浸泡透后，捞起放入锅内加极少量的水熬至溶化或放入盆内加盖蒸至溶化，倒入备好的容器中，凉透后即可用于雕刻（亦可根据作品需要加入适量色素）大型的人物、动物等，其作品色泽鲜艳，如美玉一样，晶莹透亮。

在烹饪实践应用中，雕刻中还常用一些诸如奶油、冰块、巧克力等原料，这些原料应用于食品雕刻，在雕刻技法及形式上与日常的果蔬雕刻有很大的差别。如奶油雕，更确切地应该称之为塑，是类似于泥塑艺术的一种技法，根本的区别在于平常的果蔬雕刻是"减法"，奶油雕却是"加法"。再如冰雕，在形体上要比一般的果蔬雕刻"块头"大，使用的工具也有区别，操作的过程相对要豪放、粗犷一些。近年来随着雕刻的发展，有些地方还把食盐与生粉混合，通过模具的形式制作实物造型，使食品雕刻的形式及范围得到了很大的拓展。

任务二　食品雕刻工具的种类与应用

学习目标

☆ 掌握雕刻刀的种类和用途。

☆ 掌握食品雕刻的手法和刀法。

☆ 能描述食品雕刻的手法和刀法的具体姿势。

"工欲善其事，必先利其器"。要学习好食品雕刻这门技艺，必须事先准备好一些称手锋利的雕刻刀具。由于全国各个地区的雕刻流派风格各异，雕刻的手法及刀具的使用也各有千秋，因此目前食品雕刻的刀具尚未形成统一的行业标准。随着社会及科学技术的进步，食品雕刻的刀具制作工艺有了翻天覆地的变化，刀具的种类繁多，选购也十分方便。从使用上来说，食品雕刻的刀具以锋利、灵活、称手为佳。

一、食品雕刻工具的种类

根据当前市面上较为常用的雕刻刀具按用途来分，主要可以分为以下几类。

1. 直刀类

（1）雕刻主刀（图1-1-5），又称小尖刀，刀尖比较尖锐，有斜口形刃口和弧形刃口两种，刀刃长约为7～8

图1-1-5　雕刻主刀

厘米，后部柄宽约为1.5厘米，刀柄有塑料、铁质、木质等不同材质。雕刻主刀是食品雕刻中使用最频繁、最广泛的刀具，在一定程度上说它足以应付所有的雕刻操作。在一些新式的雕刻刀具问世之前，许多雕刻师仅凭这样一把主刀就可以雕刻出诸多优秀的雕刻作品。

（2）分刀。一般刀口长约15厘米，根据个人使用习惯的不同，分刀的标准也不一样，通常以西餐刀代替运用，在实践操作中主要作为大型雕刻原料分割之用。由于分割原料时操作力度较大，因此对刀具的锋利度要求较高，刀刃的厚度较雕刻主刀要相应厚重些，以免操作时刀刃折断误伤自己。

2. 戳刀类

戳刀（图1-1-6）按刀口分为圆口戳刀和三角戳刀。

（1）圆口戳刀。圆口戳刀一般长15厘米左右，中部卷曲，便于手握，两端都有锋利、大小不一的刃口，刃口呈圆弧形，其刃锋延伸到两沿衡背交界处，以便雕刻时运用自如。圆口戳刀在蔬菜雕刻中用途广，可用于雕刻多种窄瓣花冠，如菊花、西番莲等；还可用于雕刻各种造型的弧形、圆形等部位；亦可用于打槽、打沟、打孔；也可用于刻制多种弧形、圆形、梅花瓣形等图案。

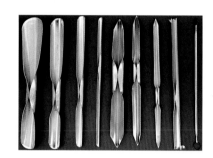

图1-1-6　戳刀类

（2）三角戳刀。一般为不锈钢材质制作，刀体硬度大，不易变形，结实耐用，常见的三角戳刀长约15厘米，中部向内卷曲成环形，刀身两端有刃，两端刀口规格不同，方便使用。三角戳刀一般分大、中、小号三种规格，适合于不同的场合运用，在实践操作中主要用于戳制鸟类的羽毛、菊花花瓣、荷花的花蕊以及纹饰、线条等。

3. 拉刀类

拉刀（图1-1-7）也叫掏刀，由传统戳刀改进演变而来，使用比传统戳刀更方便，效率更高。拉刀由刀柄及刃口两个部分组成，刃口有不锈钢、锋钢等不同材质，有方形、圆形、三角形、六角形等不同形状，用途不一；刀柄一般为塑料材质，便于执握。拉刀的创制是食品雕刻一个划时代的进步，在一定程度上促进了食品雕刻艺术的发展。在实践操作中不同造型的拉刀用途也不一样，如六角拉刻刀可以轻松自如地雕刻假山、去除废料等，双线拉刻刀可以迅速快捷地拉出鸟类的羽毛。雕刻作品时，各式拉刀搭配使用，主要用于拉刻不同形式的花纹、鱼鳞、羽毛或去除废料、作品定型等。

4. 模型刀具

模型刀具的种类较多，形态大小各异。它是由不锈钢片材料制作的具有实物形象图案的一类象型刀具，主要通过挤压片状原料而得到某些平面造型图案的专用刀具。操作使用时，可先将原料切成片（或有一定厚度），

图1-1-7　拉刀

然后用模具由上往下用力挤压便可压出片状（厚片状）实物平面造型；或挤压成有一定厚度的雏形生坯，再切成一定规格厚度的片形，以提高操作效率。这类模具很多，可根据实际需要定制不同的图案，如和平鸽、飞燕、海鸥、蝴蝶、金鱼、鲤鱼、虾、玉兔、松鼠、鹿、桃、树叶、荷花、梅花、如意等。常见的模型刀具有①梅花模具（图1-1-8）；②五瓣花朵；③图案模型刀具（图1-1-9）；④文字模型刀具（图1-1-10、图1-1-11）

图1-1-8 梅花刀模

图1-1-10 文字刀模

图1-1-9 图案刀模

图1-1-11 数字刀模

二、食品雕刻的手法及刀法

1. 食品雕刻的手法

食品雕刻的手法是指在进行雕刻操作时我们把握雕刻刀具的具体方法，也就是手握刀的规范姿势。根据雕刻过程中握刀的不同姿势，一般可以分为横握法（直刀法）和执笔法。

（1）横握法。横握法也称直刀法，拿刀时四指握住刀柄，拇指贴近刀刃内侧。运刀时，用拇指抵住原料起支撑和稳定作用，四指适当用力自上而下运刀，如图1-1-12所示。旋刀法的握刀方法与直刀法相同，运刀时刀刃自右至左，利用腕力旋转，如图1-1-13所示。

（2）执笔法。执笔法与握笔的手法相同，拇指、食指和中指握稳刀身，以刀代笔在原料上雕刻，如图1-1-14所示。戳插法、拉画法的握刀方法与执笔法相同，如图1-1-15，图1-1-16所示。

通常我们在雕刻任何一个造型作品的过程中，握刀的手法总是在不断变化的，在雕刻的不同阶段、造型的不同部位以及手握不同的刀具，握刀的手法及姿势也要相应地随着变化，才能运刀流畅，操作自如，得心应手。例如在雕刻花卉作品时，采用握刀法把雕刻原料从原始的状态削成雕刻粗坯，在其后的具体花瓣雕刻和去除废料的操作中则是采用执笔刀法，整个花卉雕刻的全过程，需要根据不同的需要变化不同的执刀手法。在雕刻实践操作中掌握正确的执刀姿势，不仅可以起到"事半功倍"的效果，而且还在很大程度上避免了用刀误伤事故的发生。

图1-1-12　横握法（直）

图1-1-13　横握法（旋）

图1-1-14　执笔法（拉）

图1-1-15　执笔法（戳）

图1-1-16　执笔法（刻）

2. 食品雕刻的刀法

食品雕刻的刀法是指在雕刻某些品种的过程中所采用的各种施刀方法。这些刀法有别于热菜与冷菜的制作中所使用的一些常用刀法，具有一定的特殊性。对于食品雕刻初学者来说，掌握正确的雕刻刀法和执刀手势非常重要。实践工作之中具体使用这些刀法，要根据原料的质地、性能及作品灵活运用。要使雕刻作品成型快，形象逼真，雕刻时下刀就要做到"稳、准、狠"。常用的雕刻刀法如下表所示。

表 1-1-1 常用的雕刻刀法

切	用平面刻刀或小型切刀将原料由上而下大面积开的一种刀法，一般用于修整初坯大形，是一种辅助刀法，很少单独使用		刻	是在作品的大体形状基本确定的基础上，用直面刻刀进行局部雕刻直至作品完成的过程中使用的一种刀法	
旋	用刻刀对原料进行圆弧形的旋转雕刻的一种刀法，是一种用途极广的刀法。它可单独刻成形，又是多种雕刻所必需的一种辅助刀法。一般用平面刻刀、弧面刻刀操作		戳	用圆口槽刀或三角槽刀对原料进行一定角度插刻的一种刀法，主要用于一些禽鸟类羽毛、鱼鳞、花瓣的雕刻，以及瓜盅表面线条的处理	
削	原料雕刻前使用的一种最基本的刀法，主要是将原料削出所需要的大体轮廓		拉	用拉线刀拉出所需要的丝或者沟槽，多用于卷丝的制作和线条的勾画	

此外还有一些雕刻过程中用到的刀法，如剔、插、铲、挑、穿等，实际上可以把它们看成是上面一些刀法的特殊运用形式。在雕刻的过程中要根据作品的特点来灵活选择适合的刀法，才能让雕刻作品达到预期的效果。

任务二　食品雕刻的种类及刀法

微课1　雕刻的手法与刀法

学习目标

☆ 了解食品雕刻的种类。
☆ 掌握食品雕刻作品设计遵循的原则。
☆ 掌握食品雕刻作品保存的方法。

一、食品雕刻的种类

食品雕刻的种类很多，按照食品雕刻的表现形式可分为整雕和零雕组装，按照雕刻手法可分为浮雕和镂空雕，按照使用原料可分为果蔬雕、奶油雕、巧克力雕糖雕和冰雕等。

（1）整雕。整雕就是作品主体运用一块大的整形原料雕刻而成，是一个完整的立体实物形象，不依附其他材料而独立成型，如鲤鱼嬉浪、丹凤朝阳等。它的特点是依照实物的形

图1-1-17　整雕作品

图1-1-18　零雕组装作品

图1-1-19　浮雕作品

图1-1-20　糖雕作品

状，独立地表现完整的形态，不需要其他的辅助材料支持就可以单独地摆设，造型的每个角度均可供欣赏，具有较高的艺术表现力，例图1-1-17。

（2）零雕组装。零雕组装是用几种不同色泽的原料雕成某一物体的各个部件，然后集中组装成完整的作品。其特点是色彩鲜艳，形态逼真，不受原料大小的限制，如百鸟朝凤、百花争艳等，例图1-1-18。

（3）浮雕。浮雕是在原料表面上雕刻出凹凸起伏的图案，然后根据作品的要求将周围的余料去除或是将图案部分除掉而保留周围余料而构成一个完整造型的雕刻方法，如九龙壁、西瓜盅，例图1-1-19。

（4）镂空雕。镂空雕就是用镂空透刻的方法在原料的表面雕刻图案，并穿透原料去除图案周围余料的一种雕刻方法。这样的作品能由外看到内，图案鲜明。如西瓜灯、鱼篓等。

（5）果蔬雕。果蔬雕包括以上雕刻形式，是指原料方面采用新鲜的水果和蔬菜作为雕刻原料，运用特殊的刀具及刀法制作出来的雕刻作品。水果蔬菜是最为常见的一类雕刻原料，广泛运用于各种类型的雕刻比赛及餐饮美食展台。

（6）奶油雕。奶油雕也叫黄油雕，最早出现在20世纪80年代的北京、上海等大城市星级饭店及宾馆冷餐宴会上。黄油雕刻使用的是一种人造黄油。这种黄油的可塑性较强，熔点也比较高（能在45℃的气温条件下不熔化），含水量很少，较容易操作。黄油雕常运用于一些大型的自助餐酒会及各种美食节的美食展台上。

（7）巧克力雕。巧克力雕有大型、小型之分。小型的巧克力雕就是用巧克力块雕刻出各种花、鸟、鱼、虫等实物形象，逗人喜爱，形态逼真。大型巧克力雕，应先做好骨架，然后抹上巧克力，再进行雕刻。

（8）糖雕。糖雕是西点的一项基本功，是用糖粉、葡萄糖、蛋清或白砂糖等经加工后雕刻而成的各种惹人喜爱的象形物。造型大气磅礴，尤其是浮翠、流丹的色彩，令人耳目一新，例图1-1-20。

（9）冰雕。冰是纯水在0℃以下冻结而成的晶体结构。天然冰质地坚硬，色洁白而透明，使用方便，但使用季节性强，常在冬季用来雕刻大型的宫殿、城堡作品等。

人造冰就是运用冰库、冰箱等制冷设备，将水冰冻而成，通常用以雕刻小型雕刻作品，如小型花鸟、动物、人物形象等，给人以清新、奇特、新颖感觉。冰雕冰体本身的温度在零下10℃左右为宜，过冷的冰雕置于空气中，空气中的水汽会在冰雕表面凝结成为冰晶而使冰雕透明度下降。

二、食品雕刻作品设计要遵循的原则

食品雕刻的工艺性和艺术性较强，制作者要根据不同需要精心设计主题，巧妙构思，耐心细致，精雕细刻，才能呈现出让客人赏心悦目的艺术佳品，切忌随心所欲、粗制滥造。一般来说，在食品雕刻的设计制作过程中应注意把握以下几个原则。

1. 主题突出，画龙点睛

食品雕刻无论是小型还是大型作品，都需要做到主题鲜明。在菜肴的装饰中，应以菜肴为主，以食品雕刻点缀、衬托为辅，以突出主题为目的，才能起到锦上添花和画龙点睛的作用。若雕刻件过大，不能突出菜肴为主体的宗旨，将失去食品雕刻的意义，降低菜肴的食用价值。在大型食品雕刻的组合中，需围绕展台的主题进行创作，以突出展台或作品的重点和中心。

2. 刀法细腻，具有美感

食品雕刻从操作工艺来看，主要包括选料和刀工成型以及组装造型等主要工序，但关键还是刀工成型。在食品雕刻作品的制作过程中，作品的成功与否，关键在于刀工处理。一件好的食品雕刻作品，除了好的主题以外，就是需要游刃有余的刀工和娴熟、细腻的刀法，这是食品雕刻作品的关键工序和核心技术。只有掌握娴熟的刀法，才能制作出精美的作品，给人以美感和享受。

3. 食用为主，欣赏为辅

以食用为主的食品雕刻作品，必须选用可食性的原料，食用为首欣赏为辅。要把品种繁多、奇香异彩的冷荤原料按其自然特色、自然形态加以巧妙地雕刻，做成一定的造型，做到既不失食用价值，又能彰显自然和谐美的食品雕刻作品。

4. 欣赏为主，食用为辅

以欣赏为主、食用为辅的食品雕刻成品，在冷菜和热菜的造型中使用非常广泛。如冷菜中"锦上添花""凤凰戏牡丹""金鱼戏莲"等凉菜拼摆，它们所用的花是不可缺少的，但大多不可食用，其冷拼也多以烘托气氛，少作食用。在热菜中，一般以点缀衬托为主，同时也用于花色造型菜，如"龙舟""瓜盅"等，都离不开雕刻，这些虽可食用，但以观赏为主，以增强食欲，给人美感。用食品雕刻制作的大型展台，如奶油制作的"二龙戏珠"或巧克力制作的"雄鹰"、糖粉制作的"糖花""冰雕长城"等，这些作品主要是烘托气氛，给人以较高的艺术欣赏性，而不作食用。

5. 作品名称，富有寓意

食品雕刻作品在命名时，不像热菜或冷菜的命名，往往不注重菜肴的本质和内容，而注重名称的形式和外表，多选择吉祥如意、逗人喜爱、富有寓意的名称，如"龙凤呈祥""百鸟朝凤""松鹤延年""骏马奔腾""龙马精神""嫦娥奔月"等，但不可牵强附会、滥用辞藻。

6. 清洁卫生，食用安全

食品雕刻成品，必须讲究卫生，切不可污染，特别是观赏与食用相结合的食品雕刻作品，应用可食用的果蔬作陪衬，不允许用一些不能食用的原料（竹扦、冬青叶等）代替。在点缀菜肴中，还应做到生熟分开，避免交叉污染。若需与菜肴一同食用的雕刻作品，必须加热成熟，做到清洁卫生，食用安全。如"南瓜虾球"中盛放虾球的南瓜盅在雕刻完成后，盛放虾球前必须事先蒸熟。

三、食品雕刻作品的保存方法

食品雕刻作品都是经过反复构思、精心设计制作出来的艺术精品，给人以美的艺术享受。而食品雕刻作品大多是含水分较多的原料雕刻而成的，原料自身极容易腐烂变质，同时，它又是一件艺术性很强、费工费时的作品，因此，食品雕刻作品必须加以妥善保管和保存，尽量延长其使用时间，保持其新鲜和艳丽的状态。

（一）食品雕刻原料的保存方法

1. 时令鲜蔬

时令鲜蔬应置于通风阴凉处，春夏季可保存3天左右，秋冬季装入保鲜袋置于1~5℃的冰箱中可保存10天左右，原料可保持鲜艳和脆嫩。

2. 水果类

新鲜水果类原料应置于通风阴凉处，春夏季可保存2至3天，秋冬季置于1~2℃的冰箱中可保存8至10天，原料可保持新鲜和脆嫩的状态，利于雕刻。

3. 瓜类

新鲜瓜类原料应置于阴凉处，春、夏、秋季可保存3至5天，冬季装入保鲜袋，置于1~5℃的冰箱内，通常可保存10天左右，原料不会因失去水分而变形，有利于成品雕刻。

4. 蛋糕类

将经过调味熟制的黄、白蛋糕用保鲜膜严密封住，放入1~2℃的冰箱中，春夏季可保存2至3天，秋冬季可保存5至6天。蛋糕类原料在保存中只能冷藏，不能冷冻，因冷冻易造成原料内部水分的流失，形成蜂窝状，而降低原料的质量，影响雕刻的效果。

（二）食品雕刻半成品的保存方法

半成品是指还未完成雕刻需进一步加工制作的产品，需要保管，利于下一阶段继续雕刻半成品的保存可以用保鲜膜包裹严实，以免原料脱水变蔫；短时间保存也可以用湿润的厨房专用纸遮盖作品表面，避免作品干枯。一般这类的雕刻半成品不能长时间浸泡于水中，如此会影响到后续的雕刻操作。雕刻半成品如果置于1~5℃的冰箱中冷藏保存时间会相应延长。

（三）成品的保存方法

1. 清水浸泡法

将脆性的雕刻成品放入1%的白矾水中浸泡，这样能较长时间保持成品的新鲜程度。如不加白矾而用凉水浸泡，要加适量冰块，时间不要超过24小时，如果时间过长，成品极易出现掉色甚至变质腐烂。在浸泡时如发现白矾浑浊，就应及时更换新水。清水浸泡法，一般适合染不上颜色的成品。

2. 低温保存法

把雕刻成品放入盆内加凉水（以没过成品为宜），再放入冰箱冷藏，温度保持1℃左右，这样可以延长作品存放的时间，通常情况下可以存放3至6天，保存期间要多次换新水。

3. 加膜保存法

将雕刻成品放入盘内，用保鲜膜包裹后，放入冰箱，保持1℃冷藏，可存放3天左右。

4. 明胶保存法

在雕刻成品表面喷涂上一层明胶液，冷凝后可使雕刻制品与空气隔绝，起到长时间存放的目的。这样的保存方法只适合于一些小件及粗轮廓的作品。

5. 维生素C保鲜法

在存放雕刻成品的冷水中加入几片维生素C，可使雕刻成品较长久地存放。

6. 雕刻专用保鲜液保存法

目前已有专业公司研发出食品雕刻的专用保鲜液，使用时只需要把雕刻作品浸泡在这种保鲜液中即可，作品可以保持半年至一年的时间不变质。

项目二 基础雕刻

▶ 项目目标

1. 通过本项目的学习，了解食品雕刻的种类及基础知识，掌握基础雕刻的操作步骤和操作要领。

2. 掌握食品雕刻中切、刻、旋的雕刻手法与运用技巧，并能够运用到实际工作当中，为全面掌握食品雕刻的制作和设计打下良好基础。

3. 养成遵守规程、安全操作、整洁卫生的良好习惯，并正确认识食品雕刻的实用性，增强对本专业的情感认知。

▶ 项目介绍

本项目通过学习圆球、玲珑球、拱桥、宝塔等作品，熟练掌握切、削、刻、戳、旋、拉刀等技法在修整原料、"开大形"等雕刻过程中的具体运用，以及掌握横握刀法和执笔式握刀法在雕刻过程中的运用。

基础雕刻是初学者学习食品雕刻的入门基础作品，也是最能体现初学者雕刻基本功的作品，雕刻者要扎实掌握食品雕刻的各种刀法与手法，这样才能在今后的食品雕刻过程中及时、准确判断出雕刻成型所需的刀法和手法，从而不断变化各种刀法与手法来完成一个作品的雕刻。

任务一 圆球

学习目标

☆ 能够叙述圆球的文化内涵及其寓意。
☆ 能够运用工具书、互联网等学习资源收集圆球制作的相关信息。
☆ 能够按照制作过程雕刻一个完整的圆球。

圆球由球面所围成的立体称为圆球，是一个圆（作为母线）绕其直径（作为轴线）回转而成，是一种常见的曲面立体。圆可以看成是由无数个无限小的点组成的正多边形，当多边形的边数越多时，其形状、周长、面积就越接近于圆。因此作为食品雕刻的入门级基础作品，可以让学生在练习中学会运用切和旋的刀法，掌握横握刀及运刀的手法，在操作过程中能够通过不断削减原料来理解雕刻作品从原料到成品之间的三维立体造型的变化，从而为后续的学习打下基础。

▶ 任务实施

1. 原料

胡萝卜1根。

2. 工具

片刀、雕刻主刀、砧板、圆碟、垃圾盆、抹布。

3. 制作过程

☆ 工艺流程

准备原料和工具→切粗胚→切正方形→去菱角→旋转雕刻→打磨→泡水整理。

☆ 作品图解

圆球雕刻步骤图如下。

图1-2-1　用菜刀切出
一节胡萝卜

图1-2-2　将胡萝卜切成
正方形

图1-2-3　定出边线
的中点

图1-2-4　将每个中点之间的
菱角削掉

图1-2-5　旋刻去掉
小菱角

图1-2-6　横握刀将
作品刻圆

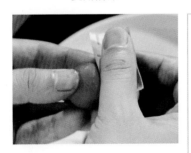
图1-2-7　用砂纸打磨光滑

图1-2-8　表面擦洗干净

图1-2-9　成品图

4. 技术关键

（1）切正方形时边长在3cm以内为宜。

（2）操作时应一边转动原料，一边旋刻去废料。

（3）使用旋刻刀法时，运刀要流畅。

（4）雕刻好的成品要用砂纸把表面打磨光滑。

微课2 圆球雕刻

 相关知识

圆的寓意

在烹饪中常常将食材加工成圆球形的菜肴或点心，如狮子头、四喜丸子、鱼丸、油豆腐、麻球、汤圆等以此来增加客人的食欲，提高用餐氛围和表达着对客人们美好的祝愿，利用生活联系实际能让学生更好地了解圆形的概念，也从中了解到中国烹饪饮食文化的独特魅力。

圆寓意圆润和谐，圆表示自然、团圆，意在阖家欢乐。圆还象征天衣无缝、完美。圆是中华民族传统文化的形态象征，象征着"圆满"和"饱满"，是自古以和为贵的中国人所崇尚的图腾。满和圆构成汉字圆满，浸透着中华民族先民最朴素的哲学，圆则满，满则圆，心有圆满便安宁不争，便以和为贵，便能取道中庸，便不会因极端而失衡焦虑。

 人文天地

食品雕刻的历史

春秋时期《管子》记载："雕卵然取之，所以发积藏，散万物"，提及的"雕卵"指的是在蛋上雕刻花纹以美化食品，这应该是我国有文字记载的最早的食品雕刻。

隋唐时期，食品雕刻就已经相当流行，在酥酪、鸡蛋、脂油上雕镂，如唐中宗时韦巨源《烧尾宴食单》中的"玉露团"，食单注明为雕酥。到了宋代，席上雕刻食品俨然成为风尚，《武林旧事》中便有"雕花梅球儿、雕花笋、雕花红团儿、雕花金橘、雕花姜"，造型千姿百态，有鸟兽虫鱼、亭台楼阁，反映了当时厨师手艺的精妙，同时反映出雕刻原料的选择上逐步以瓜果青蔬为主。至清代，食品雕刻已经达到非常高的水平，《扬州画舫录》："取西瓜，皮镂刻人物、花卉、虫、鱼之戏，谓之西瓜灯"。

食品雕刻发展至今，无论是艺术上还是刀法技艺上都有了突飞猛进的发展，展现了空前繁荣的景象，用途广泛，内容丰富多彩，形式多样，成为餐桌上靓丽的风景。作为中华民族的智慧结晶，需要一代代人传承和发展，弘扬中华优秀的传统文化，结合新时代特征，积极创新，让优秀传统文化与时代同频共振，与时俱进。

任务二　玲珑球

☆ 能够叙述玲珑球的文化内涵及其寓意。

☆ 能够运用工具书、互联网等学习资源收集玲珑球制作的相关信息。

☆ 能够按照制作过程雕刻一个完整的玲珑球。

　　透雕象牙套球（图1-2-10），又称"同心球"，是中国象牙雕刻中的一种特殊技艺。球体表面镂刻各色浮雕花纹，球内由大小数层空心球连续套成，交错重叠，玲珑剔透。外表看来是一个球体，但层内有层，套中有套，各球均能自由转动，且具同一圆心，不禁使人瞠目结舌，叹为观止。重叠剔透比雕镂，一层一层不知数。"谁晓世上有此物，鬼斧神工玲珑球。"

　　本节要学习的玲珑球是镂空雕的代表之作，是作为雕刻初学者练习基本功必学的作品之一。要求成品外框线条粗细均匀，不能有断裂、刀伤，里面雕成圆球状能翻滚。

图1-2-10　透雕象牙

▶ **任务实施**

1. 原料

胡萝卜1根

2. 工具

片刀、雕刻主刀、砧板、圆碟、垃圾盆、毛巾。

3. 制作过程

☆ 工艺流程

准备原料和工具→切粗胚→切正方形→定边线中间点→去菱角→雕边框→去边框废料→雕内球→泡水整理。

☆ 作品图解

玲珑球雕刻步骤图如下所示。

图1-2-11　用菜刀切出一截
胡萝卜

图1-2-12　将胡萝卜切成
正方形

图1-2-13　定出边线
的中点

图1-2-14　将三个中点之间的菱角削掉

图1-2-15　执笔式握刀画2毫米边框

图1-2-16　在边框下边去废料

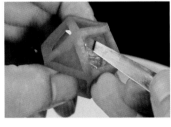
图1-2-17　将里面的原料刻圆

图1-2-19　成品图

图1-2-18　将内圆废料去除干净

4. 技术关键

（1）正方形的边长以3cm以内为佳（宜）。

（2）划线时刀面要与原料面垂直，线条要粗细均匀。

（3）去废料时不能弄断外框。

（4）框架里面的胚体一定要修圆而且能够转动。

微课3　玲珑球雕刻

 相关知识

镂空雕

镂空雕又被称为透雕、镂透雕，是一种结合了圆雕与浮雕的木雕雕刻手法，通过对于雕刻题材的巧妙组织，将纹饰穿透雕空，从而凸显出来轮廓，形成一种玲珑别透的艺术效果。生活中常见的镂空雕主要有以下几种。

（1）玉雕。红山文化和良渚文化出土的玉器大部分是镂空工艺，在战国时期镂空玉雕达到了巅峰期，那时候的玉璧都是独一无二的代表作。随着时代的不断发展，人们延续了古人对镂空工艺的喜爱，玉雕师也根据时代的变化而创新，现在的镂空作品更符合人们当代的审美观。

（2）桃核雕。桃核雕又称核雕，工艺难度很大，将整粒核的各个部位镂空，使得雕刻花纹贯穿连通，面面相接，不但增强了核雕作品的立体性，还能使核雕作品更显立体效果、富于层次感。核雕过程中运用镂空雕，能够提高作品的观赏性，表现出最精巧的部分，使之充满艺术的美感。核雕不仅需要操作者拥有高超的技艺、精神高度集中能力和高度的审美水平以外，还要有熟练的雕刻基本功，常与其他雕刻技法结合使用，灵活使用圆雕、浮雕等的刀法，使意、形、刀有机地融为一体，共同组成一个完整的核雕作品。

（3）橄榄核雕。在众多的雕刻材质中，橄榄核质地细腻坚韧，纹理缜密，是最适合进行细腻入微的雕刻。在那么小不盈寸的地方进行细致的镂空雕刻，需要进行精心的设计。橄榄核雕中的镂空雕技巧，巧妙地利用植物果核上的纹理，经过揣形摹象，刻制出生动有趣的各种造型变化，符合主题内容的需要，使意、形、刀有机地融为一体，同时灵活运用冲、划、切、刮等刀法和浮雕、圆雕等表现手法，雕刻出的人物亭台楼阁，或花鸟兽鱼虫，无不生动有趣，也是将繁缛复杂的雕刻手法推向了高峰，能够通过橄榄核雕作品表现出来一种工艺感与空灵感。

 人文天地

牙雕大师——翁昭

20世纪初，中国广东牙雕艺人翁昭手工镂雕的一件26层"鬼工球"，获得了巴拿马博览会金奖，赢得了国际赞誉，为国争光。这种极致体现着雕刻者的心血与专注，具有一种浮躁时代里稀缺的沉静力量，让人一看，便心生震撼。匠人的耐心是追求卓越的作品的必经之路，把工匠精神作为一个信仰去遵守一种人生艺术的追求，卓越是不需要理由的，只要坚持的去把这件事做到极致就可以了。

很多时候我们欣赏镂空雕作品，感叹的不仅有镂空雕的立体感与空间美，更有镂空雕那种巧雕天工的极致美感，更是将雕刻工艺达到一种至极致尽的表现方式，折射出自古至今人们对于工艺精致与空灵变幻的爱好之情，其巧妙的造型总是能够令人叹为观止。

任务三　制作拱桥

学习目标

☆ 能够叙述拱桥的文化内涵及其寓意。

☆ 能够运用工具书、互联网等学习资源收集拱桥制作的相关信息。

☆ 能够按照制作过程雕刻一个完整的拱桥。

中国拱桥在古代被称之为曲桥，其最早的用途是在工程中满足泄洪以及桥下通航的目的。我国拱桥形式多样，造型美观，其中园林景色中的拱桥独具特色，既能连接水陆、便于游览，又能点缀水景、增强美观，将桥、水及周围环境融为一体，颇具人文内涵，古典味道十足。

本任务学习的雕刻拱桥是所有桥类雕刻中的代表作品，标准的作品要求完整美观，曲线流畅，比例协调，不能有断裂、刀伤。

▶ **任务实施**

1. 原料

青萝卜1根。

2. 工具

砧板、片刀、雕刻主刀、U型戳刀、拉线刀、不锈钢盆。

3. 制作过程

图1-2-19　拱桥

☆ 操作流程

准备原料和工具→切粗胚→画出拱桥大形→刻出曲面→戳出桥洞→刻出台阶→刻出护栏→刻出墙砖。

☆ 作品图解

拱桥雕刻步骤图如下所示。

图1-2-20　准备工具用具

图1-2-21　将原料切成长约7~8cm，宽4cm左右的厚片

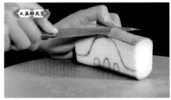

图1-2-22　刻画出拱桥大形

图1-2-23　刻出桥洞

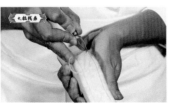

图1-2-24　用拉刻刀刻出线条

图1-2-25　雕刻出台阶

图1-2-26　雕刻出护栏

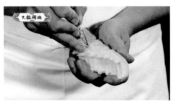

图1-2-27　拉刻出桥砖即可

4. 技术关键

（1）成品看起来呈对称的状态。

（2）注意桥身的线条不可一边高一边低。

（3）拉砖块线条时要错落有致，线条要横平竖直。

（4）拱门的大小要与整座桥自然和谐。

微课4　拱桥雕刻

相关知识

拱桥的特点

中国建造拱桥的历史比以造拱桥著称的古罗马晚几百年，但中国的拱桥却独具一格，形式之多，造型之美，世界少有。有驼峰突起的陡拱，有宛如皎月的坦拱，有玉带浮水的平坦的纤道多孔拱桥，也有长虹卧波、形成自然纵坡的长拱桥。拱肩上有敞开的（如大拱上加小拱，现称空腹拱）和不敞开的（现称实腹拱）。拱形有半圆、多边形、圆弧、椭圆、抛物线、蛋形、马蹄形和尖拱形，可说应有尽有。

孔数上有单孔与多孔，多孔以奇数为多，偶数较少。多孔拱桥，如果当某孔主拱受荷时，能通过桥墩的变形或拱上结构的作用将荷载由近及远的传递到其他孔主拱上去，这样的拱桥称为连续拱桥，简称连拱。江浙水乡的三、五、七、九孔石拱桥，一般是中孔最大，两边孔径依次按比例递减，桥墩狭薄轻巧，具有划一格局，令人钦佩。由于桥孔搭配适宜，全桥协调匀称，自然落坡既便于行人上下，又利于各类船只的航运。杭州市城北的拱辰桥是三孔的一例，建于明崇祯四年（1631年）。有的桥孔多达数十孔，甚至超过百孔，如1979年发现的徐州景国桥，就有104孔，估计它是明清桥梁。多跨拱桥又有连续拱和固端拱，固端拱采用厚大桥墩，在华北、西南、华中、华东等地都可见到，连续拱只见于江南水乡。

人文天地

中国桥梁之父——茅以升

茅以升，字唐臣，江苏镇江人。土木工程学家、桥梁专家、工程教育家，中国科学院院士，美国工程院外籍院士。

勤奋是成功之母，这是茅以升的至理名言，他用自身的行为去实践这不变的真理，主持中国铁道科学研究院工作30余年，为铁道科学技术进步作出了卓越的贡献。茅以升主持修建了中国人自己设计并建造的第一座现代化大型桥梁——钱塘江大桥，成为中国铁路桥梁史上的一块里程碑。钱塘江大桥向全世界展示了中国科技工作者的聪明才智，展示了中华民族有自立于世界民族之林的能力。以茅以升先生为首的我国桥梁工程界的先驱在钱塘江大桥建设中所显示出的伟大的爱国主义精神，敢为人先的科技创新精神，排除一切艰难险阻、勇往直前的奋斗精神，永远是鼓舞我们为祖国的繁荣富强不懈奋斗的宝贵精神财富。

任务四　制作宝塔

☆ 能够叙述宝塔的文化内涵及其寓意。

☆ 能够运用工具书、互联网等学习资源收集宝塔制作的相关信息。

☆ 能够按照制作过程雕刻一个完整的宝塔。

宝塔是中国传统的建筑物。中国的古塔建筑多种多样，从外形上看，由最早的方形发展成了六角形、八角形、圆形等多种形状。从建塔的材料分，有木塔、砖塔、石塔、铁塔、铜塔、琉璃塔，甚至还有金塔、银塔、珍珠塔。中国宝塔的层数一般是单数，通常有五层到十三层。

▶ 任务实施

1. 原料

胡萝卜。

2. 工具

砧板、片刀、雕刻主刀、U型戳刀、拉线刀、QQ刀、砂纸、不锈钢盆。

3. 制作过程

☆ 操作流程

准备原料和工具→画出塔的五边形→沿线条切成五边塔粗配→画出塔形线条→刻出塔身→砂纸打磨塔檐→雕出塔檐翘脚→拉刻线条及砖块→刻出每面塔拱门→雕刻小葫芦塔顶→安装好塔顶。

图1-2-28　桂林日月双塔

☆ 作品图解

宝塔雕刻步骤图如下所示。

图1-2-29　切出塔身高度20cm

图1-2-30　描绘五边形塔身

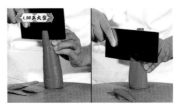

图1-2-31　切出宝塔大形

图1-2-32　描绘出宝塔外形结构

用弧形刀法刻出塔檐

图1-2-33

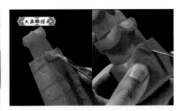

图1-2-34　雕刻塔身

图1-2-35　砂纸打磨塔檐

图1-2-36　刻出翘角

图1-2-37　刻出塔屋檐

图1-2-38　刻出塔拱门

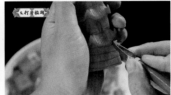

图1-2-39　刻出塔砖

图1-2-40　刻出葫芦状塔顶

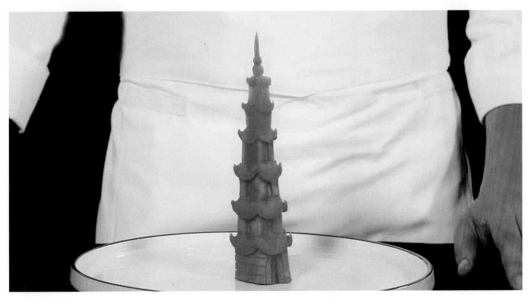

图1-2-41　安装好塔顶即可

4. 技术关键

（1）切五边形时要注意每个面的大小一致。

（2）每层塔身的高度要一致。

（3）去废料时进刀的深度要一致。

（4）拉砖块线条时要错落有致，线条要横平竖直。

微课5　宝塔雕刻

 相关知识

桂林日月双塔

桂林日月双塔是两江四湖环城水系中最著名的旅游景点之一，因与桂海碑林中的宋代雕刻日月神菩萨隔河相对，又因双塔高耸入云，直指日月，故名日塔、月塔，两座塔均为楼阁式山水塔。

日塔是9级8角宝塔，高41米，为混凝土包铜结构，内层系钢筋混凝土，外包黄铜，其所有构件如塔什、瓦、画、翘角、斗拱、雀替、门窗、柱梁、楼梯、天面和地面都是由纯黄铜建造，共耗铜350吨，塔内还安装有垂直升降电梯，是目前世界上最高的电梯铜塔，也是世界上最高的铜质建筑物，而且日塔建在水中，自然也是世界上最高的水中塔。日塔创下了三项世界之最——世界上最高的电梯铜塔，世界上最高的铜质建筑物，世界上最高的水中塔。

月塔是7级8角宝塔，高35米，用琉璃装修，庄重典雅。月塔一层面湖处有"太极鼓"，游客可以击鼓一展雄姿。

项目三 花卉雕刻

▶ **项目目标**

知识教学目标：通过本项目的学习，了解整雕花卉类雕刻的种类及基础知识，掌握整雕花卉类雕刻的操作步骤和操作要领。

能力培养目标：掌握食品雕刻中各种花卉的雕刻方法和技巧，并能够运用到实际工作中，为全面掌握食品雕刻的制作和设计打下良好基础。

职业情感目标：让学生养成遵守规程、安全操作、整洁卫生的良好习惯，并正确认识食品雕刻的实用性，增强对本专业的情感认知。

▶ **项目介绍**

整雕花卉类的雕刻是学习食品雕刻时必须掌握的内容，既是学习食品雕刻的入门基础，也是食品雕刻中的重点。通过雕刻花卉，可以逐渐掌握食品雕刻中的各种刀法和手法，为以后的学习打下坚实的基础。

在食品雕刻中花卉雕刻的种类非常多，形态各异，雕刻的方法和技巧也不尽相同。本项目学习的雕刻内容是花形美观，应用广泛，易于雕刻的花卉，是在雕刻的刀法和手法上具有代表性的花卉。通过这些花卉的雕刻学习，达到举一反三、触类旁通的学习效果。

任务一　制作马蹄莲

学习目标

☆ 能根据老师的讲解与示范领悟马蹄莲雕刻的操作工艺流程与操作关键。

☆ 能够运用工具书、互联网等学习资源收集马蹄莲制作的相关信息。

☆ 能够按照制作过程雕刻一朵完整的马蹄莲。

马蹄莲属多年生粗壮草本，具块茎，容易分蘖形成丛生植物。马蹄莲花内含草酸钙结晶和生物碱，误食会引起昏迷等中毒症状。其块茎、佛焰苞、肉穗、花序均有毒，禁食用。鲜马蹄莲块茎适量捣烂外敷可治疗烫伤。叶基生，叶下部具鞘，叶片较厚，绿色，心状箭形或箭形，先端锐尖、渐尖或具尾状尖头，基部心形或戟形。马蹄莲挺秀雅致，花苞洁白，宛如马蹄，叶片翠绿，缀以白斑，可谓花叶两绝。清纯的马蹄莲花是素洁、纯真、朴实的象征。在国际花卉市场上已成为重要的切花种类之一。

图1-3-1 马蹄莲

▶ **任务实施**

1. 原料

白萝卜1根，胡萝卜1根。

2. 工具

片刀、雕刻主刀、U形拉线刀、水溶性铅笔、砧板、圆碟、垃圾盆、抹布。

3. 制作过程

☆ 工艺流程

准备原料和工具→切粗胚→刻花瓣大型→刻花瓣内圈→刻出花蕾→泡水整理。

☆ 作品图解

马蹄莲雕刻步骤图如下所示。

图1-3-2　白萝卜斜切一刀，
切出大型

图1-3-3　用水溶性铅笔
画出大型

图1-3-4　沿着画好的大型
将底部刻成圆锥形

图1-3-5　用U形戳刀将
花瓣戳出外翻的效果

图1-3-6　修整马蹄莲的
厚薄度，并打磨光滑

图1-3-7　另取原料将
花心刻出组装到马蹄莲上

图1-3-8　泡水修整

图1-3-9　展示图

4. 技术关键

（1）马蹄莲的大形可以看成是一个三角形。

（2）马蹄莲雕刻好后用手把花瓣往外翻压。

（3）去废料时不可刻坏花瓣。

微课6　马蹄莲的雕刻

 相关知识

马蹄莲——爱的纯洁与永恒

马蹄莲在欧美国家是新娘常用的捧花，也是埃塞俄比亚的国花。马蹄莲的花色较多，不同的花色代表的花语不同。红色马蹄莲的花语是虔诚，永结同心，红色马蹄莲花色浓烈、鲜艳，就像是浓烈的爱情一样，充满了热情，代表着对彼此的承诺。白色马蹄莲具有两个花语含义，其一是至死不渝、忠贞不渝的爱，能代表着永恒的爱情；其二是纯洁、幸福，白色马蹄莲的花色纯白无瑕，象征纯洁的感情。黄色马蹄莲的花语是尊敬、爱戴，黄色比较明亮，比较端庄，适合用来表达自己的敬意。紫色马蹄莲的花语是希望、单纯的爱。粉色马蹄莲的花语是爱你一生一世，代表了爱情的承诺。

 人文天地

飞机发明者——莱特兄弟

一百多年前，一位穷苦的牧羊人带着两个幼小的儿子替别人放羊为生。

有一天，他们赶着羊来到一个山坡上，一群大雁鸣叫着从他们头顶飞过，并很快消失在远方。牧羊人的小儿子问父亲："大雁要往哪里飞？"牧羊人说："它们要去一个温暖的地方，在那里安家，度过寒冷的冬天。"大儿子眨着眼睛羡慕地说："要是我也能像大雁那样飞起来就好了。"小儿子也说："要是能做一只会飞的大雁该多好啊！"

牧羊人沉默了一会儿，然后对两个儿子说："只要你们想，你们也能飞起来。"

两个儿子试了试，都没能飞起来，他们用怀疑的眼神看着父亲，牧羊人说："让我飞给你们看。"于是他张开双臂，但也没能飞起来。可是，牧羊人肯定地说："我因为年纪大了才飞不起来，你们还小，只要不断努力，将来就一定能飞起来，去想去的地方。"

两个儿子牢牢记住了父亲的话，并一直努力着，等他们长大，哥哥36岁，弟弟32岁时，他们果然飞起来了，因为他们发明了飞机。这两个人就是莱特兄弟。

心若在，梦就在；用心灌溉，梦想之花终会开。

任务 制作菊花

 学习目标

☆ 能根据老师的讲解与示范领悟菊花雕刻的操作工艺流程与操作关键。
☆ 能够运用工具书、互联网等学习资源收集菊花制作的相关信息。
☆ 能够按照制作过程雕刻一朵完整的菊花。

菊花在植物分类学中是菊科、菊属的多年生宿根草本植物，按栽培形式分为多头菊、独本菊、大丽菊、悬崖菊、艺菊、案头菊等栽培类型；按花瓣的外观形态分为园抱、退抱、反

抱、乱抱、露心抱等栽培类型。

菊花是中国十大名花之一，花中四君子（梅兰竹菊）之一，也是世界四大切花（菊花、月季、康乃馨、唐菖蒲）之一，产量居首。因菊花具有清寒傲雪的品格，才有陶渊明的"采菊东篱下，悠然见南山"的名句。中国人有重阳节赏菊和饮菊花酒的习俗。唐·孟浩然《过故人庄》："待到重阳日，还来就菊花。"在古神话传说中菊花还被赋予了吉祥、长寿的含义。

▶ **任务实施**

1. 原料

心里美萝卜1个。

2. 工具

砧板、片刀、雕刻主刀、V型戳刀、不锈钢盆。

3. 制作过程

图1-3-10　菊花

☆ 工艺流程

准备原料和工具→刻粗胚→刻外围花瓣→刻内围花瓣→刻出花心→泡水整理。

☆ 作品图解

菊花雕刻步骤图如下所示。

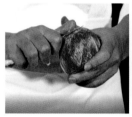   

图1-3-11　刻成上大　图1-3-12　用V型戳刀　图1-3-13　依次旋转　图1-3-14　去掉多余
　　下小的碗状　　　从上往下戳出菊花花瓣　　戳出第一层花瓣　　　的废料

图1-3-15　以此雕出整朵菊花

图1-3-16　泡水修整　　　　　　　　　　　图1-3-17　成品欣赏

4. 技术关键

(1) 戳刀戳至底部时，刀身向里戳，使花瓣底部更厚，避免花瓣脱落。

(2) 去除废料时应上边厚下端薄，将花瓣底部的废料去净。

(3) 在操作过程注意菊花的层次高低错落。

(4) 每条花瓣要粗细均匀，无毛边。

微课7　菊花雕刻

 相关知识

食品雕刻的作用

食品雕刻运用于菜肴制作、菜品装饰、宴会看盘、展台的制作等，其主要作用体现在以下几个方面。

菜肴的美化：菜点盘边装饰上食品雕刻作品，能美化菜点，色彩和形态更加完美，弥补菜点不足，从而提高菜点品质。

突出菜点主题：食品雕刻使菜点的主题突出、鲜明，使宴席组合形式丰富而多彩。如热菜"糖醋鲤鱼"，可以配一组荷花的雕刻作品，则成了具有寓意的"荷塘月色"。

烘托宴会气氛：食品雕刻根据不同的宴会使用不同的展现形式，烘托宴会的氛围。如婚宴可以雕刻"龙凤呈祥""鸳鸯戏莲"之类的作品，寿宴中可以雕刻"福禄寿""松鹤延年"等作品。

 人文天地

雕菊如铸人

菊花的花瓣多且错综繁杂，在雕刻的过程中我们时常会被这些细枝末叶所干扰，戳刀一不小心就把细长的花瓣给弄断了，又或者误伤了旁边的花瓣，这个时候我们需要静下心来，慢慢地应对，否则就会心情烦躁，影响操作，甚至会导致前功尽弃。人生的职业生涯又何尝不是如此，工作任务繁重，杂事压身，这件事情还没有完成，领导又安排了另外的工作，这个时候我们需要冷静，细心思考，分清楚工作的轻重缓急，哪些事情是急需完成，哪些任务可以稍缓处理，繁琐的问题就会变得简单，所有问题将迎刃而解。所以同学们一定要学会冷静处理事情，当你抛开琐事的干扰细心面对，一切烦恼就会变得柳暗花明。

任务二　制作月季花

 学习目标

☆根据老师的讲解与示范领悟月季花雕刻的操作工艺流程与操作关键。

☆掌握食品雕刻月季花手法，在规定时间内完成月季花雕刻。

☆养成遵守规程、安全操作、整洁卫生的良好习惯，并正确认识食品雕刻的实用性，增强对本专业的情感认知。

月季花别名月月红、四季花、胜春、月贵红、月贵花、月月开、四季春等。月季花被誉为"花中皇后"，是中国十大名花之一。自然花期5至11月开花连续不断，长达半年。月季花的种类繁多，花色、花形各异。月季花象征和平友爱、四季平安等，是用来表达人们关爱、友谊、欢庆与祝贺的最通用的花卉。其花香悠远可提取香料，根、叶、花均可入药，具有活血消肿、消炎解毒的功效。

月季花是食品雕刻中最重要的花卉雕刻，雕刻好月季花是雕刻好其他花卉的基础。月季花主要有两种，即三瓣月季花和五瓣月季花，其中三瓣月季花的雕刻难度较大，其月季花花瓣为圆形，花瓣在开放的时候其边上会自然翻卷，看上去就像桃尖形。

▶ **任务实施**

1. 原料

心里美萝卜1个。

2. 工具

片刀、雕刻主刀、砧板、圆碟、垃圾盆、毛巾。

微课8 月季花雕刻

3. 制作过程

☆ 工艺流程

准备原料和工具→刻粗坯→刻外层花瓣→刻内层花瓣→刻内层花苞→泡水整理。

☆ 作品图解

月季花雕刻步骤图如下图所示。

图1-3-18 旋一圈成上大下小的锥形

图1-3-19 在底部画出五边形

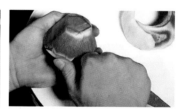

图1-3-20 修成五边形胚子

图1-3-21 刻花瓣形状

图1-3-22 上薄下厚刻出花瓣

图1-3-23 去第一层花瓣废料

图1-3-24 刻第二层花瓣

图1-3-25 去第二层花瓣废料

图1-3-26 刻第三花瓣

图1-3-27 去第三层废料

图1-3-28 刻花心

图1-3-29 成品展示

4. 技术关键

(1) 削除废料时要一边转动粗坯，一边旋转用刀去废料。

(2) 花瓣呈半圆形，无毛边，花瓣上薄下厚。

(3) 控制好花心的高度，内层花瓣呈含苞欲放花蕊。

(4) 花瓣之间要相互交错、层次分明，花瓣层次分明。

微课9 玫瑰花雕刻

 相关知识

月季花雕刻知识的延伸

不同月季花的花语象征和代表的意义：

①粉红色月季：初恋、优雅、高贵、感谢。②红色月季：纯洁的爱、热恋、贞节、勇气。③白色月季：尊敬、崇高、纯洁。④橙黄色月季：富有青春气息、美丽。⑤白色月季花：纯真、俭朴或赤子之心。⑥黑色月季：有个性和创意。⑦蓝紫色月季：珍贵、珍惜。

 人文天地

食品雕刻既是一个复杂的制作过程，同时又是一门强调技术水平和动手能力的雕刻艺术。要学好食品雕刻有一定的难度，要经过一个比较长的过程，不可能一夜之间就会了。因此，要求我们在学习雕刻的过程中首先要喜欢、热爱食品雕刻，要有成不骄，败不馁，持之以恒，不怕苦累的精神。这样才能在食品雕刻的学习道路上少走弯路，快速提高雕刻技术。

任务四 山茶花

学习目标

☆ 根据老师的讲解与示范领悟山茶花雕刻的操作工艺流程与操作关键。

☆ 掌握雕刻山茶花的手法,能在规定时间内完成茶花雕刻的制作。

☆ 提高对雕刻的兴趣及信心,养成遵守规程、安全操作、整洁卫生的良好习惯,并正确认识食品雕刻的实用性,增强对本专业的情感认知。

茶花又名山茶花、耐冬花、曼陀罗等,是中国传统名花,也是世界名花之一,是昆明、重庆、宁波、温州、金华等市的市花和云南省大理白族自治州州花。茶花因其植株形姿优美、叶浓绿而有光泽、花形艳丽缤纷,而受到世界各国人民的喜爱。茶花具有"唯有山茶殊耐久,独能深月占春风"的傲然风骨,赋予了可爱、谦逊、谨慎、美德、高尚等意义。茶花的花期较长,一般从10月开花,翌年月终花,盛花期1月到3月。茶花制成的养生花茶有治疗咯血、咳嗽等疗效。

茶花是食品雕刻中最常见的花卉品种之一,也是重点学习掌握的内容。茶花的雕刻和五瓣月季花的雕刻有联系也有区别,主要的区别在于雕刻刀法和花瓣的形状以及花瓣位置排列等。五瓣月季花主要是用旋刀法雕刻,花瓣桃尖形,花瓣之间有重叠,也就是常说的"一瓣压一瓣"。茶花花瓣形状为圆形,同层花瓣之间一般不重叠,只是在雕刻花心的时候采用旋刀法,花瓣间有少许重叠;另外,从花瓣大小比较,在相同的情况下,月季花花瓣要大一些。

▶ 任务实施

1. 原料

心里美萝卜1个。

2. 工具

片刀、雕刻主刀、砧板、圆碟、垃圾盆、抹布

3. 制作过程

☆ 工艺流程

准备原料和工具→刻粗胚→刻外层花瓣→刻内层花瓣→刻花心→泡水整理。

☆ 作品图解

茶花雕刻步骤图如下所示。

图1-3-30 修成上大下小的锥形

图1-3-31 在大的一头用主刀旋刻一圈

图1-3-32 用水溶性铅笔画花瓣

图1-3-33　平刀将花瓣片薄

图1-3-34　去掉第一层花瓣下边的废料

图1-3-35　用笔画出第二层花瓣

图1-3-36　刻出花瓣形状

图1-3-37　斜刀将花瓣片薄

图1-3-38　去第二层花瓣废料

图1-3-39　刻出第三层花瓣

图1-3-40　去第三层花瓣废料

图1-3-41　刻第四层花瓣

图1-3-42　去掉第四层
花瓣下边的废料

图1-3-43　刻花心

图1-3-44　去花心废料

图1-3-45　泡水整理

微课10　茶花雕刻

4. 技术关键

（1）重视雕刻的基本功训练，雕刻刀法要熟练。

（2）花瓣为短圆形，边缘要平整，无毛边，花瓣上部薄下部稍厚。控制好花心的高度和大小，使其呈含苞待放状。

（3）去废料时要注意刀尖的深度和角度，防止废料去除不净。

（4）茶花每层雕刻5个花瓣，花瓣之间互相包围，相互围绕，花心部分花瓣可以不分层不分瓣。

（5）茶花雕刻完成后应泡水，并用手整理。

任务五　荷花

☆ 能根据老师的讲解与示范领悟荷花雕刻的操作工艺流程与操作关键。

☆ 能根据荷花雕刻的步骤及示范能够独立完成荷花的雕刻。

☆ 通过荷花的学习学生能提高对雕刻的兴趣及信心，养成良好的职业习惯。

荷花又名莲花、水芙蓉等，是莲属多年生水生草本花卉，花期6至9月，单生于花梗顶端，花瓣多数，嵌生在花托穴内，有红、粉红、白、紫等色，或有彩纹、镶边。坚果椭圆形，种子卵形。荷花种类很多，分观赏和食用两大类，原产亚洲热带和温带地区，中国早在周朝就有栽培记载。1985年5月荷花被评为中国十大名花之一。荷全身皆宝，藕和莲子能食用，莲子、根茎、藕节、荷叶、花及种子的胚芽等都可入药。

"接天莲叶无穷碧，映日荷花别样红"是对荷花之美的真实写照。荷花"中通外直，不蔓不枝，出淤泥而不染，濯清涟而不妖"的高尚品格，历来为古往今来诗人墨客歌咏绘画的题材之一。

食品雕刻荷花的制作多选用质地细密、坚实，色彩鲜艳的瓜果类或根茎类蔬菜为原料，如白萝卜、胡萝卜、心里美萝卜、土豆、南瓜、莴笋等，主要运用直刻法，旋刀法，戳刀法。

▶ 任务实施

1. 原料

心里美萝卜半个。

2. 工具

砧板、片刀、雕刻主刀、U型戳刀、V型戳刀、不锈钢盆。

3. 制作过程

☆ 工艺流程

准备原料和工具→切粗胚→切六边形→刻花瓣→去菱角废料→重复两次→雕莲蓬→泡水整理。

☆ 作品图解

荷花雕刻步骤图如下所示。

图1-3-46　用小尖刀切成
六边形胚子

图1-3-47　用小尖刀依次
在六个平面上刻上荷花瓣形状

图1-3-48　用小尖刀采用直刀法
将六个面由上往下把荷花瓣刻出来

图1-3-49　将两花瓣中
间多余的废料去掉

图1-3-50　采用第一层方法
将第二第三层花瓣刻出来

图1-3-51　六边形用小尖刀
削圆后用V形戳刀戳出花蕾

图1-3-52　小尖刀采用旋刀法
沿着花蕾去一圈废料

图1-3-54　整理展示

图1-3-53　用U形戳刀戳出莲子

4. 技术关键

（1）雕刻时花瓣相互错落有致，上薄下厚。

（2）去除废料时要注意刀与原料的角度与深度。

（3）每一层花瓣的大小要划分均匀。

微课11　荷花的雕刻

相关知识

旋刀法。旋的刀法多用于各种花卉的刻制，它能使作品圆滑、规划，分为内旋和外旋两种方法。外旋适合于由外层向里层的花卉，如月季、玫瑰等；内旋适合于由里向外刻制的花卉或两种刀法交替使用的花卉，如马蹄莲、牡丹花等。

刻刀法。刻的刀法是雕刻中最常用的刀法，它始终贯穿重过程中。

戳刀法。刀口向前或向下，平推式斜推入原料，一排一排层层插空，如刻孔雀翅膀，凤凰翅膀，菊花，梅花花蕊等。

人文天地

在职业生涯中我们要像荷花一样有着高尚、高雅、圣洁的精神品质，具有出淤泥而不染，濯清涟而不妖的高尚品德和清白而谦虚的精神，在今后的工作生活中保持洁身自爱要像荷叶一样紧贴水面不随波逐流；像荷秆一样"中通外直，不蔓不枝"；像荷花一样娇艳但不失清纯，雍容大度却不哗众取宠，清香中透着谦逊，柔弱里带着刚直，一身正气，对党忠诚，爱国爱党，高风亮节，不断为社会传递正能量。

任务11　牡丹花

学习目标

☆能根据老师的讲解与示范领悟牡丹花雕刻的操作工艺流程与操作关键。

☆能根据牡丹花雕刻的步骤及示范能够独立完成牡丹花的雕刻。

☆能提高对雕刻的兴趣及信心，养成良好的职业习惯。

牡丹花色泽艳丽，玉笑珠香，风流潇洒，富丽堂皇，素有"花中之王"的美誉。在栽培类型中，主要根据花的颜色，可分成上百个品种。牡丹品种繁多，色泽亦多，以黄、绿、肉红、深红、银红为上品，尤其黄、绿为贵。牡丹花大而香，故有"国色天香"之称。唐代刘禹锡有诗曰："庭前芍药妖无格，池上芙蕖净少情。唯有牡丹真国色，花开时节动京城。"在清代末年，牡丹被当作中国的国花。

▶ **任务实施**

1. 原料

心里美萝卜半个。

2. 工具

砧板、片刀、雕刻小尖刀、U形戳刀。

3. 制作过程

☆ 工艺流程

准备原料和工具→切粗胚→切六边形→刻花瓣→去菱角废料→重复两次→雕花心→泡水整理。

☆ 作品图解

牡丹花雕刻步骤图如下所示。

图1-3-55 牡丹花

图1-3-56 用小尖刀切成六边形胚子

图1-3-57 用U形戳刀依次在六个平面上刻上波浪纹形状

图1-3-58 用小尖刀采用直刀法将六个面由上往下把牡丹花瓣刻出来

图1-3-59 将两花瓣中间多余的废料去掉

图1-3-60 采用第一层方法将第二第三层花瓣刻出来

图1-3-61 用小尖刀采用旋刀法雕刻出第一层花心

图1-3-62　用小尖刀采用旋刀法雕刻出剩下两层花心　　　　图1-3-63　冲水整理

4. 技术关键

（1）雕刻时花瓣边缘的齿纹要均匀，花瓣恰到好处。

（2）去除废料时要注意刀与原料的角度。

（3）每一层花瓣的位置分布要有规律、花蕊呈含苞欲放状态。

微课12　牡丹花的雕刻

 人文天地

　　牡丹象征着高贵，高洁，典雅的精神品质，永远遵循自己的花期规律，不苟且，不媚俗，不妥协，不开花则以，一开则惊人。牡丹花姿优美，且颜色比较艳丽，常给人一种花开富贵的感觉。在生活中牡丹还代表着劲骨刚心，不畏强暴，勇往直前，这也是我们的同学们在今后的人生道路上所要拥有的品质，任何时候都以一种乐观向上的心态，坚强面对困难及挫折，不惧怕强权及暴力，朝着自己的人生目标不断前进。

项目四　鱼虫雕刻

▶ 项目目标

1. 通过本项目的学习，了解鱼虫雕刻的种类及基础知识，掌握鱼虫雕刻的操作步骤和操作要领。

2. 掌握食品雕刻中切、刻、拉、旋等刀法和手法的运用与技巧，并能够运用到实际工作当中，为全面掌握食品雕刻的制作和设计打下良好基础。

3. 养成遵守规程、安全操作、整洁卫生的良好习惯，并正确认识食品雕刻的实用性，增强对本专业的情感认知。

▶ 项目介绍

鱼虫类的雕刻作品小巧玲珑，趣味十足，主要是色彩艳丽、形态小巧可爱、富有情趣的鱼虫，如蝴蝶、神仙鱼、游虾等。在具体的雕刻刀法上基本上用切、刻、拉、旋等刀法，将成品应用在菜点的装饰中效果奇佳，往往能起到画龙点睛、锦上添花的作用。鱼虫配件能使整个雕刻作品产生强烈的对比和节奏感，使作品显得精致、细腻而有意韵，令人赏心悦目，让人产生一种深深地陶醉感。

在学习鱼虫类雕刻的过程中，首先要先了解鱼虫的结构，仔细观察它们的外形、色彩和各部位细部结构，其次绘制成图，最后按照老师的雕刻方法、步骤进行练习，在雕刻的过程中，要把每种鱼虫的基本特征和特点表现出来。一些对人有害、让人反感和厌恶的鱼虫类作品是不宜在食品雕刻中出现，特别是用于菜点装饰时，一定要考虑用餐者的心理感受。

任务一　神仙鱼

> 学习目标
> ☆ 能运用网络查询学习神仙鱼的相关知识。
> ☆ 通过观看演示和练习，能在规定时间内独立完成神仙鱼的雕刻。
> ☆ 通过学习，能够复述神仙鱼雕刻的操作步骤和操作要领。

神仙鱼又名燕鱼、天使鱼、小鳍帆鱼等，原产南美洲的圭亚那、巴西。神仙鱼头小而尖、体侧扁，呈菱形，背鳍和臀鳍很长很大，挺拔如三角帆，上下鳍对称，尾巴似蒲扇。其腹鳍特别长，如飘动的丝带。从侧面看，神仙鱼游动宛如在水中飞翔的燕子，故又称燕鱼。

神仙鱼的雕刻是鱼类雕刻的基础品种，学习地位非常重要。在一定程度上可以说，食品雕刻中许多种类的鱼雕刻是在神仙鱼雕刻的基础上进行变化和创造而来的。

▶ **任务实施**

1. 原料

胡萝卜、南瓜、青萝卜、心里美萝卜。

2. 工具

塑料砧板、片刀、雕刻主刀、U形戳刀、V形戳刀、
不锈钢盆、画线笔、毛巾。

图1-4-1 神仙鱼

3. 制作过程

☆ 工艺流程

画鱼形→刻出鱼嘴→刻出鱼头→刻出鱼鳍→刻出鱼鳞和花纹。

☆ 作品图解

神仙鱼雕刻步骤图如下所示。

图1-4-2 切长6~8CM，
厚1.5CM的长方形胚子

图1-4-3 在胚子上面
画出神仙鱼的大型

图1-4-4 沿着线条雕刻出
神仙鱼的大型

图1-4-5 削去轮角

图1-4-6 用U形锉刀锉
出鱼鳍

图1-4-7 用V形锉刀锉出
鱼鳍和鱼尾巴纹路

微课13 神仙鱼雕刻

图1-4-8 泡水整理

4. 技术关键

(1) 雕刻神仙鱼的大形时可以把其看成是两个三角形的叠加。

(2) 神仙鱼的背鳍和臀鳍的形状和大小要对称一致。

(3) 在雕刻时，神仙鱼的腹鳍可以处理得稍长一些，视觉效果更佳。

(4) 神仙鱼的胸鳍比较小，可以忽略不雕刻出来。

微课14 金鱼雕刻

任务 游虾

学习目标

☆ 能运用网络查询学习游虾的相关知识。

☆ 通过观看演示和练习，能在规定时间内独立完成游虾的雕刻。

☆ 通过学习，能够复述游虾雕刻的操作步骤和操作要领。

虾类主要分为海水虾和淡水虾，种类很多，包括青虾、河虾、草虾、小龙虾、对虾、明虾、基围虾、琵琶虾、大龙虾等。其中对虾是我国特产，因其个大，时常成对出售而得名。虾是游泳的能手，游动时泳足像木桨一样频频整齐地向后划水，身体就徐徐向前驱动了。受惊吓时，它的腹部敏捷地屈伸，尾部向下前方划水，续向后跃动，速度十分快捷。

本任务学习的游虾是鱼虾的对比之作，要求形态逼真，去废料干净利落，虾脚自然无断裂。

▶ 任务实施

1. 原料

胡萝卜、南瓜、青萝卜。

2. 工具

塑料砧板、片刀、雕刻主刀、U形戳刀、拉刻刀、不锈钢盆、画线笔、毛巾。

图1-4-9 明虾

3. 制作过程

☆ 工艺流程

准备原料和工具→取长方形胚子画大形→刻出背部曲线→刻出虾身轮廓→沿线条刻出虾形→雕刻出虾脚→取出修整。

☆ 作品图解

游虾雕刻步骤图如下所示。

图1-4-10　切出长10CM，
厚1.5CM的长方形胚子

图1-4-11　在胚子上画出
游虾的大型

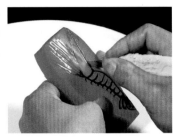

图1-4-12　沿着线条雕刻出
虾的背部

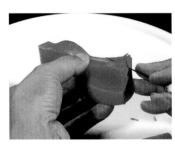

图1-4-13　雕刻出虾的
额角

图1-4-14　雕刻出身体的
轮廓和腹角

图1-4-15　取掉多余的
废料

图1-4-16　雕刻出另外一个面的腹角

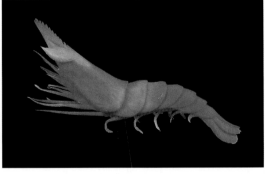

图1-4-17　作品展示

4. 技术关键

（1）雕刻游虾时，虾头要向上，身体弯曲呈弓形，不宜太过平直。

（2）在雕刻过程中，尽可能多使用拉刻刀，避免产生太多刀痕及切伤。

（3）虾的鄂足要雕刻得稍长些，泳足稍短。

微课15　游虾的雕刻

 相关知识

——游虾

虾的寓意深刻，北方喻其为龙，有镇宅吉祥之意；南方喻其为银子，取长久富贵之意。虾的身躯弯弯的，却顺畅自如，如竹节般一节比一节高，象征遇事圆满顺畅、节节高升、官运亨通。

虾对同族之物从不侵袭与伤害，和谐相处，身躯虽小，玉洁透明，淡泊名利，有高尚的品格和纯洁坦诚的胸怀，表明了洁身自好的人生寄托。

虾身佩玉甲皆可窥，寓意做人要坦诚透明，有顽强的生命力，有敢弄潮的意志，更有龙一样的腾飞精神，触角可触沙，可观云望月。

任务二 蝴蝶

学习目标

☆ 能运用网络查询学习蝴蝶的相关知识。

☆ 通过观看演示和练习，能在规定时间内独立完成蝴蝶的雕刻。

☆ 通过学习，能够复述蝴蝶雕刻的操作步骤和操作要领。

蝶，通称为"蝴蝶"，也称作"蝴蟆"。全世界有14000余种，大部分分布在美洲，尤其在亚马孙河流域品种最多。除南北极寒冷地带以外在世界其他地区都有分布。中国台湾地区也以蝴蝶品种繁多著名。它们是昆虫演进中最后一类生物，最大的品种是澳大利亚的一种蝴蝶，展翅可达26厘米；最小的是灰蝶，展翅只有15毫米。

蝴蝶身体小巧，腹瘦长，翅膀和身体有各种花斑，头部有一对棒状或锤状触须，翅膀阔大，颜色艳丽，静止时四翅竖于背部，翅色绚丽多彩，人们往往把它作为观赏类昆虫。在食品雕刻中，蝴蝶雕刻方法比较简单，重点是要雕刻出蝴蝶的形态特征和特点。蝴蝶的翅膀比身体大很多，前翅要比后翅大，两边翅膀是以身体为轴对称，这种对称不仅是形状上的对称，而且在花纹、色彩上也是对称的。另外，蝴蝶的触须雕刻得长一点，效果会更好。

▶ **任务实施**

1. 原料

胡萝卜、南瓜、心里美。

2. 工具

塑料砧板、片刀、雕刻主刀、U形戳刀、不锈钢盆、白色毛巾、画线笔。

3. 制作过程

☆ 工艺流程

准备原料和工具→切双飞片→在胚子上画出蝴蝶的形状→雕刻出蝴蝶的身体→雕刻出蝴蝶翅膀→在蝴蝶翅膀上刻上花纹→泡水整理。

☆ 作品图解

蝴蝶雕刻步骤图如下所示。

图1-4-18　准备取原
料胚子

图1-4-19　切出0.1CM厚的
双飞片的胚子

图1-4-20　在胚子上画出
蝴蝶的大型

图1-4-21　沿着线条雕刻出
蝴蝶的身体

图1-4-22　雕刻出蝴蝶的翅膀

图1-4-23　沿着线条雕刻出
蝴蝶凤尾

图1-4-24　在蝴蝶翅膀上打上花纹

图1-4-25　作品展示

4. 技术关键

（1）雕刻原料新鲜，质地要求紧密、不空。

（2）雕刻前要先熟悉蝴蝶的身体结构，双飞片的处理要厚薄一致。

（3）由于采用整雕的方式制作，因此操作时要细心，避免弄断翅膀。

（4）两片翅膀薄厚一致，翅膀上的花纹、线条要对称一致。

 相关知识

蝴蝶文化

蝴蝶由于色彩鲜艳，深受人们的喜爱。在历代艺术作品中，以蝶为题材的很多。在明、清二代，蝶和瓜构成的图案是代表吉祥，蝶和花卉配合使画面生动而自然，成对的蝶代表爱情的象征。这些都是民间习惯上所采纳的而一直沿袭下来。至于在织物、刺绣以及工艺品中能看到的蝴蝶图案就更多了。

蝴蝶自古也备受文人墨客的青睐，吟诗作词中常提到蝴蝶，例如唐代诗人李商隐的《锦瑟》一诗中充满对亡友的追思，抒发悲欢离合的情怀，诗中引用庄周梦蝶的典故，上句"庄生晓梦迷蝴蝶"喻物为合，而下句"望帝春心托杜鹃"喻物为离。李白在《长干行》的诗中，也有一句："八月蝴蝶黄，双飞西园草"。杜甫诗《曲江二首》中写道："穿花蛱蝶深深见，点水蜻蜓款款飞"。

 人文天地

蝴　蝶

在中国文化中，蝴蝶象征自由自在，其源头是庄周梦蝶的故事《庄子·齐物论》。庄周梦见自己变成了一只蝴蝶，快乐而悠然地翩翩起舞，四处遨游，根本不知道自己原来是庄周。

醒来发现自己确实是庄周。庄子正是借蝴蝶这一意象来表达自己的哲学思想，希望人们的精神从紧张状态下解放出来，过得轻松愉快。

微课16　蝴蝶的雕刻　　　微课17　螳螂的雕刻

项目五 禽鸟雕刻

▶ **项目目标**

　　1. 通过本项目的学习，了解禽鸟雕刻的种类及基础知识，掌握禽鸟雕刻的操作步骤和操作要领。

　　2. 掌握食品雕刻中切、刻、旋、戳的雕刻手法与运用技巧，并能够运用到实际工作当中，为全面掌握食品雕刻的制作和设计打下良好基础。

　　3. 养成遵守规程、安全操作、整洁卫生的良好习惯，并正确认识食品雕刻的实用性，增强对本专业的情感认知。

▶ **项目介绍**

　　禽鸟雕刻在食品雕刻中占据着举足轻重的地位，是食品雕刻最受欢迎和最常用一类雕刻题材，也是学习食品雕刻的必修内容之一。鸟类生性活泼，在食品雕刻中常以温、柔、雅、舒、闲、聪、伶等仪态出现，自古以来都深受人们的喜爱。由于鸟类大多数有着绚丽多彩的羽饰，婉转动听的歌喉，生动飞翔的姿态，而且寓意吉祥，体态多姿，线条优美，极富动感，因此在烹饪装饰艺术中用途极为广泛。

　　禽鸟的种类多，外部形态不完全相同，不同禽鸟的辨别主要是根据外形的差异变来识别的，其最大的差别是在头颈、尾这几个部位。而其他部位的差异较小，如翅膀、身体、羽毛结构等。正因为禽鸟类雕刻具有这些特点和规律，所以在学习时一定要了解鸟类的外形特征、基本结构，把基本形态的鸟类雕刻好，才能做到举一反三，触类旁通。

任务一　相思鸟

学习目标

☆ 能够叙述相思鸟的相关知识及其寓意。

☆ 能够运用工具书、互联网等学习资源收集相思鸟制作的相关信息。

☆ 能够按照制作过程雕刻一只相思鸟。

　　相思鸟别名红嘴玉、红嘴绿观音、恋鸟，在西方叫"乃丁格"（情鸟）。其嘴形粗健，长度约为头长的一半，嘴峰稍曲；鼻孔不被羽毛掩盖，翅较尾长；尾略呈平尾状或叉尾状，而且外侧尾羽向外弯曲；尾上覆羽较长；跗跖细长。红嘴相思鸟羽衣华丽、动作活泼、姿态优美、鸣声悦耳，颇受人们喜爱。红嘴相思鸟还有"爱情鸟"之名，不仅是古代婚庆活动的馈赠礼物，也是历代花鸟画家喜欢描绘的对象。在东南亚，相思鸟雌雄形影不离，在笼中栖杠上互相亲近的动作引人注目，被视为忠贞爱情的象征。

在食品雕刻中，相思鸟的雕刻是禽鸟类雕刻的基础，学习地位非常重要。许多种类的禽鸟雕刻都是在相思鸟雕刻的基础上衍生创作而成。

▶ **任务实施**

1. 原料

胡萝卜、青萝卜。

2. 工具

微课18　相思鸟雕刻

片刀、雕刻主刀、拉线刀、砧板、圆碟、垃圾盆、毛巾。

3. 制作过程

☆ 工艺流程

粘大形→画轮廓→雕粗胚→雕刻头部→雕身体→雕翅膀→雕刻尾巴→雕爪子→组装作品。

☆ 作品图解

相思鸟雕刻步骤图如下所示。

图1-5-1　粘原料做头部

图1-5-2　用水溶性铅笔画勾勒出轮廓

图1-5-3　雕刻相思鸟的大形

图1-5-4　雕刻相思鸟头部

图1-5-5　用拉线刀定出身体与翅膀的位置

图1-5-6　雕刻身体

图1-5-7　雕刻第一层翅膀鳞片状羽毛

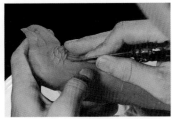

图1-5-8　雕刻第二层翅膀羽毛

图1-5-9　用青萝卜另雕第三层翅膀羽毛

图1-5-10　用502粘接第三层翅膀

图1-5-11　用胡萝卜雕刻爪子大形

图1-5-12　细刻爪子

图1-5-13　用青萝卜雕刻尾巴

图1-5-14　用502粘接上爪子和尾巴

图1-5-15　装上仿真眼

图1-5-16　组装作品

4. 技术关键

（1）相思鸟头和身体可以看成是两个椭圆形，长度与身体长度相当。

（2）雕刻时刀法熟练、准确，废料去除干净，无残留。

（3）对相思鸟的形态特征以及翅膀、尾巴的羽毛等结构要了然于胸。

（4）雕刻的爪子要抓举有力。

（5）雕刻好的成品要把表面打磨光滑。

微课19　鹦鹉雕刻

相关知识

鸟类头、嘴、颈部雕刻要领

（1）雕刻前先用笔在纸上绘制鸟类头颈部大形，然后再复绘于上原料，最后用雕刻刀雕刻。

（2）多观察和多画鸟类头颈部，对头颈部各个部位的形态、位置要准确、熟悉，做到心中有数。

（3）鸟类的躯干呈蛋形或是椭圆形，前面连着背颈，后面连着尾巴，是鸟类身体最大的一部分，雕刻时要注意鸟头、鸟嘴、鸟颈与身体各部分的比例协调。

人文天地

雷锋的爱岗敬业

雷锋的岗位是平凡的，但他"干一行爱一行、专一行精一行"，在平凡的岗位上做出了不平凡的业绩。他不把工作当成负担，而是当作了一种快乐。有快乐、全心投入工作，才能深入其中，积极创新。据报道，雷锋当年驾驶的卡车很破旧，是连队出了名的"耗油大王"，但经过他精心维修保养，竟成为节油标兵车。

今天这个时代，仍然需要像雷锋那样立足本职、忠于职守、兢兢业业、精益求精的精神。我们学习雷锋锐意进取、自强不息的创新精神，把工作作为一种无穷的动力，钻进去、吃透它，而且还不断提升自己、不断地通过学习丰富自己。这种刻苦学习、锲而不舍、锐意进取的精神我们应继承并传承下去。

任务　仙鹤

学习目标

☆ 能够叙述仙鹤的相关知识及其寓意。

☆ 能够运用工具书、互联网等学习资源收集仙鹤雕刻的相关信息

☆ 能够按照制作工艺流程雕刻出一只完整的仙鹤。

丹顶鹤，别称仙鹤、满洲鹤，鹤类中的一种，大型涉禽，因头顶有红肉冠而得名。其全身纯白色，头顶裸露无羽、呈朱红色，额和眼前微具黑羽，眼后方耳羽至枕白色，颊、喉和颈黑色；次级飞羽和三级飞羽黑色，三级飞羽长而弯曲，呈弓状，覆盖于尾上，尾、初级飞羽和整个体羽全为白色，飞翔时极明显。其嘴较长，呈淡绿灰色，颈、腿很长，站立时整个黑色飞羽都盖在尾部，常常使人误认为它有一个黑色的尾羽。雌雄相似。

▶ **任务实施**

1. 原料

白萝卜、胡萝卜。

2. 工具

片刀、雕刻主刀、拉线刀、砧板、圆碟、垃圾盆、毛巾。

3. 制作过程

☆ 工艺流程

粘大形→画轮廓→雕粗胚→雕刻头部→雕身体→雕翅膀→雕刻尾巴→雕爪子→组装作品

☆ 作品图解

仙鹤雕刻步骤图如下所示。

图1-5-17　粘接出仙鹤大形

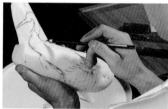

图1-5-18　勾勒出轮廓

图1-5-19　雕刻出仙鹤大形

图1-5-20　雕刻仙鹤头部

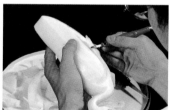

图1-5-21　雕刻仙鹤身体

图1-5-22　雕出仙鹤三层翅膀羽毛

图1-5-23　雕出尾巴羽毛

图1-5-24　用胡萝卜粘接出嘴

图1-5-25　雕刻嘴部

图1-5-26　雕刻仙鹤爪子

图1-5-27　细刻爪子

图1-5-28　将爪子粘接在身体上

图1-5-29　装上仿真眼

图1-5-30　组装作品

4. 技术关键

(1) 雕刻时要注意仙鹤嘴长、腿长、脖子长的形态特点。

(2) 雕刻脖子的时候要注意S形的走向，要求自然、流畅美观。

(3) 雕刻翅膀时要注意把握好翅膀的比例等翅膀羽毛的层次感。

微课20　仙鹤的雕刻

相关知识

仙鹤作品的寓意

　　鹤在中国文化中有崇高的地位，特别是丹顶鹤，是长寿、吉祥和高雅的象征，常与神仙联系起来，又称为"仙鹤"。仙鹤也是食品雕刻中常用的鸟类，常和松树组装一起，取名为"松鹤长春""鹤寿松龄"；鹤与龟组装在一起，其吉祥意义是龟鹤齐龄、龟鹤延年；鹤与鹿、梧桐组装在一起，表示"六合同春"。鹤、凤、鸳鸯、苍鹭和黄鹂的同框，表示人与人之间的五种社会关系。其中，鹤象征着父子关系，因为当鹤长鸣时，小鹤也鸣叫。鹤成了道德轮序的父鸣子和的象征。

　　在绘画作品中画着众仙拱手仰视寿星驾鹤的吉祥图案，谓为"群仙献寿"图。鹤立潮头岩石的吉祥图案，名叫"一品当朝"。两只鹤向着太阳高飞的图案，其吉祥意义是希望对方高升。

人文天地

中国第一位驯鹤姑娘——徐秀娟

　　徐秀娟，1964年10月16日出生于黑龙江省齐齐哈尔市一个满族渔民家庭，一个养鹤世家。1987年9月16日为寻走失的天鹅溺水牺牲，被追为烈士，誉为"中国第一位驯鹤姑娘"。以她的事迹谱写的歌曲《一个真实的故事》曾被广泛传唱。17岁的徐秀娟到扎龙自然保护区和爸爸一起饲养鹤类，成为我国第一位养鹤姑娘。她很快就掌握了丹顶鹤、白枕鹤、衰羽鹤等珍禽饲养、放牧、繁殖、孵化、育雏的全套技术，她饲养的幼鹤成活率达到100%。1985年3月，徐秀娟自费到东北林业大学野生动物系进修。尽管学校考虑到她的实际困难，为她减免了一半学费，她仍然吃不起一天6角钱的伙食，一直靠馒头就咸菜维持每天的紧张学习。第二学期，因交不出学费，生活又难以为继，她曾背着老师和同学，数次献血换来一些钱来维持学业。后来，她又决定把两年的学业压缩在一年半内完成。经过艰苦的努力，最后考试11门功课中10门功课成绩为"优"或在85分以上，正是这份坚持的信念支撑了她走向了成功。她应江苏盐城自然保护区的邀请，精心护守三枚将要破壳出雏的鹤蛋，长途跋涉5000多里，在丹顶鹤的越冬地——黄海滩涂，使雏鹤顺利破壳出生，度过危险期，健壮成长，以后又半放养成功，并于83日龄这天翱翔蓝天。这一科研成果，令中外专家为之惊异。

任务三 锦鸡

☆ 能够叙述锦鸡的相关知识及其寓意。
☆ 能够运用工具书、互联网等学习资源收集锦鸡制作的相关信息。
☆ 能够按照制作过程雕刻一只锦鸡。

锦鸡又名金鸡，尾长。雄鸟羽色华丽，头具金黄色丝状羽冠，上体除上背浓绿色外，其余为金黄色，后颈背有橙棕色而缀有黑边的扇状羽，形成披肩状，下体深红色，尾羽黑褐色，缀以桂黄色斑点。雌鸟头顶和后颈黑褐色，其余体羽棕黄色，缀以黑褐色虫蠹状斑和横斑。脚黄色。野外特征极明显，全身羽毛颜色互相衬托，赤橙黄绿青蓝紫具全，光彩夺目，是驰名中外的观赏鸟类。在食品雕刻中，锦鸡常与树枝、竹子、假山、花草等搭配，有着前程似锦、锦上添花等寓意。

▶ **任务实施**

1. 原料

胡萝卜。

2. 工具

片刀、雕刻主刀、拉线刀、砧板、圆碟、垃圾盆、抹布。

微课21 锦鸡雕刻

3. 制作过程

☆ 工艺流程
粘大形→画轮廓→雕粗胚→雕刻头部→雕身体→雕翅膀→雕刻尾巴→雕爪子→组装作品。
☆ 作品图解
锦鸡雕刻步骤图如下所示。

图1-5-31　粘接原料做头部和身子

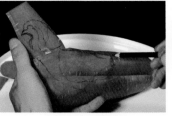
图1-5-32　勾勒出轮廓

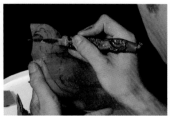
图1-5-33　刻出锦鸡的大形

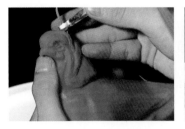
图1-5-34　雕刻头部

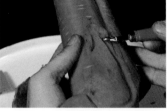
图1-5-35　出身体与翅膀的位置

图1-5-36　刻出身体的绒毛

图1-5-37　雕刻第一层翅膀羽毛

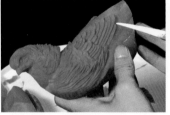
图1-5-38　雕刻第二层翅膀羽毛

图1-5-39　另拉出尾巴的绒毛

图1-5-40　用502粘接在尾巴处

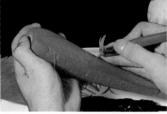
图1-5-41　用拉线刀刻出尾巴

图1-5-42　粘接尾巴

图1-5-43　刻出爪子

图1-5-44　细刻爪子

图1-5-45　组装作品

4. 技术关键

（1）雕刻前清楚了解锦鸡的形态特征及身体各部位的比例。

（2）雕刻尾羽时要表现得飘逸流畅一些。

（3）雕刻翅膀时需注意层次感及羽毛的朝向。

（4）雕刻好的成品表面要打磨光滑、平整。

微课22　凤凰雕刻

 相关知识

底座、装饰物和作品主体搭配要领

（1）雕刻作品的主次要分明，主体要突出，装饰物只能起到陪衬主体的作用，不能喧宾夺主现象。

（2）底座的底部要雕刻得稍大一点，这样雕刻作品才不会出现头重脚轻、放置不稳的。

（3）底座、装饰物和作品主体要有机地结合，最好能与作品主体部分建立起某种联系，避免出现互不搭调的情况。以下是一些雕刻题材常用的搭配技巧。

猛禽类：古松、怪石、云彩、高山、水浪等。

家禽类：篱笆、蔬菜、草虫、山石等。

水禽类：荷叶、水草、芦苇、睡莲、假山等。

仙鹤：古松、云彩、荷花、荷叶、假山等。

凤凰：牡丹花、太阳、云彩、山石等。

孔雀：花草、假山、树木等。

兽类：假山、云彩、树木、花草等。

 人文天地

《芙蓉锦鸡图》

《芙蓉锦鸡图》是北宋时期宋徽宗赵佶创作的绢本双勾重彩工笔花鸟画，现收藏于北京故宫博物院。该画以花蝶、锦鸡构成画面，画中两只芙蓉花娴静的半开着，一只锦鸡蓦然飞临芙蓉的枝头，压弯了枝头，打破了宁静，枝头还在颤动，而锦鸡却浑然不顾，已回首翘望右上角那对翩翩起舞的彩蝶，跃跃欲试。鸡在中国向有"德禽"之称，《韩诗外传》载："鸡有五德：头戴冠者，文也；足搏距者，武也；敌在前，敢斗者，勇也；见食相呼者，仁也；守夜不失者，信也"。《芙蓉锦鸡图》借鸡的五种自然天性宣扬人的五种道德品性，比如：①鸡身上的花纹表示有文化；②雄鸡的模样很英武；③雄鸡打架很勇猛；④母鸡护小鸡很仁慈；⑤雄鸡报晓很守时，表示守信用。画作流露出宋徽宗对安逸高贵之品格的赞许，由此体现了中国花鸟画的人文寓意。

模块二　盘饰制作

项目一　盘饰基础知识

▶ **项目介绍**

俗话说"人靠衣装，马靠鞍；宴会靠气氛，菜品靠点缀。"

菜肴盘饰又称"菜肴装饰、菜肴围边、菜肴点缀、盘边装饰、餐盘装饰、碟头、镶边、盘饰等"，就是在盛装菜肴的器皿上进行装饰点缀，以菜肴为主体，顺盘边摆放或放置于菜肴的中央。专业角度而言就是选用符合卫生要求的烹饪原料，经过简单的刀工处理成一定形状或图案后，以菜肴为主体，摆放在菜肴周围或在盛器顺边空隙上摆放或放置于菜肴的中间或附着于菜肴旁，利用其造型与色彩对菜肴进行美化装饰的一种技法。菜肴装饰能增加菜肴的视觉美感，它不是独立于菜肴以外的盘饰，而是对整个菜品的烘托和点缀，起到相映生辉的作用；菜肴装饰包括菜肴的造型、围边、点缀等诸方面，是美化菜肴，提高菜肴审美价值及整体效果的有效手段，使得菜肴变得更加秀色可餐。菜肴装饰的优劣能够影响食客心情好坏，装饰得当，能在外观上提升菜肴的整体美感，提高菜肴的视觉效果，让食客铭刻于心。菜品装饰可通过菜肴的色泽、造型、餐具配备和装盘技巧，提高菜品的食用价值和艺术感，菜肴装饰的运用对于提高菜肴工艺水平具有重要意义。

任务一　菜肴盘饰的作用与运用规则

学习目标

☆ 能讲述菜肴盘饰的作用。

☆ 理解并能讲解菜肴装饰的运用规则。

☆ 能利用工具书和网络整理出盘饰的种类。

近年来，随着餐饮文化的推广、国际烹饪交流的日益频繁，厨师对出品速度、装盘形式有更高追求，酒店对快捷实用、简单时尚的菜品装饰的需求，加上西餐文化的融入，涌现出诸多摆盘及装饰方式，由原先的雕刻装饰发展到花卉装饰、盐雕、果酱装饰、分子烹饪装饰、巧克力装饰、糖艺装饰以及果蔬雕刻等。现在的菜肴盘饰更侧重于创意和意境，凸显文化气息。意境菜是菜中极品，菜肴装饰是意境菜不可缺少的重要组成部分，它是烹饪技术与艺术的完美结合，在现代餐饮业中占据十分重要的地位。通过美化菜有利于提高菜肴的品位，增强食欲，营造就餐气氛。作为一名知识技能型厨师，在菜肴装饰上，必须选用可食性原料，在构思上去繁化简，在色彩搭配上要恰当合理，在设计上精炼细巧，在创新上基于中国传统饮食文化传承改善。

一、菜肴盘饰的作用

菜肴盘饰在整个菜肴的制作过程中属于辅助地位，但却不可或缺。菜肴在装盘过程中装饰和点缀得恰如其分，会起到画龙点睛、增加动趣、互补平衡、美化菜品、增强食欲、营造情趣、烘托筵席气氛的作用，同时对菜肴色彩、造型、口味给予补充，可对色形俱佳的菜肴起锦上添花的作用。

1. 形状上的装饰作用

对菜肴的形状、色彩进行弥补，使菜肴更加完美，突出菜肴的整体美，即把本来杂乱无章的菜肴，装饰得美观有序。如烩鹅掌，不加花边装饰时，摆放易显杂乱无章；如围上用鹅掌制成的金鱼，就会显得整齐生动，给人以美感的享受。

2. 色彩上的装饰作用

有的菜肴本身色彩单调、暗淡，或者因为盛器平淡而使本来很好的菜肴失去光彩，如能恰当地运用花边技术加以美化装饰，则会收到意想不到的效果。如炒鳝背因其色泽暗黑，装在盘中，了无生气，色泽单一，毫无美感；用有色的蛋卷，加以花边的装饰，此菜便会变得斑斓艳丽、生机勃勃。恰到好处运用花边装饰技术还能弥补盛器的缺陷，使原菜重生光辉。

3. 色彩和造型的补充的作用

可衬托菜肴气氛、使之更加吸引人，因此菜肴创新，装饰很关键。蟹粉豆腐如果在盛装时，盛器不能使菜肴的色、形突出，就必须用花边加以补充，配以"凤尾花边"，整个菜肴便会变得丰富多彩，让人望而欲食。又如"虎皮扣肉"，装盘时在盘边配上碧绿的菜心，组成兰花图案，整个菜肴的色彩，造型就会显得清新悦目，使人垂涎欲滴；"清炒虾仁"放在白色盘中，单调无趣，如果用黄瓜、胡萝卜切成片整齐地排围在虾仁四周，整个菜肴会变得鲜艳、活泼、诱人。菜肴装饰基本原理是采取对比手法，即通过大与小，红与黑，上与下等之间的对比，达到美化菜肴的目的，弥补菜肴在制作和装盘过程中的不足。

4. 具有调剂口味的作用

食用和口味的补充，它能使整个菜肴具有多种风味。制作精良的菜肴盘饰不仅可以提高菜肴的品位，还可以引起人们的食欲。如清炒虾仁用干煎虾饼做花边，还可避免菜肴口味的单一。

5. 合理营养搭配的作用

菜肴装饰的原料多是可食性的植物性原料，它所装饰的菜肴多是动物性原料，起到荤素搭配，平衡营养的功效，还能减少资源浪费，提高效益。富有寓意的菜肴盘饰可以渲染和活跃筵席的就餐气氛，为宾客增添快乐、愉悦的情趣。

6. 增显菜肴规格的作用

对份量不多或价格较贵的菜肴，如三丝鱼翅、龙井鲍鱼等，在盛装时如选用器皿很大，则显菜少；如选用器皿较小，又显得小气。为了解决此矛盾，可以使用菜肴花边装饰技术，即给大盘子加上一个十分精致的花边，把菜肴集中放在盘子中间，这样既显得丰满，又不降低规格。

二、菜肴装饰的运用规则

菜肴装饰在实际运用中应不断创新，根据菜肴的实际需要对菜肴进行装饰，使菜肴装饰真正起到能够美化菜肴的作用。如果菜品在装盘后，在色形上已经有比较完美的整体效果，就不应再用过多的装饰，否则，过多的装饰会有画蛇添足之感，失去原有的美观而不雅。如菜肴在装盘后的色、形尚有不足，需对菜肴进行装饰，就应考虑选用何种色、形的原料。如何进行菜肴装饰，我们在实际运用中必须要遵循具体的运用规则，应从以下几方面综合考虑。

1. 菜肴与装饰样式的关系

装饰原料与菜肴的色泽、内容、盛器必须谐调一致，从而使整个菜肴在色、香、味、形诸方面趋于完整形成一体。菜肴的美化还要结合筵席的主题、规格、与宴者的喜好与忌讳等因素。

（1）根据菜肴的烹调方法确定装饰样式。根据菜肴的烹调方法和成品后的汤汁的多少确定装饰，汤多的菜肴（如烩制菜肴）可用不怕水，能浮于水面上的原料，而蒸菜、炒菜则可以因菜而异，芡汁略多的菜肴，要用遇水不散，不易变形的原料，如胡萝卜、樱桃等。

（2）根据菜肴的口味确定装饰样式。菜肴装饰的原料以食用为主，一定要考虑其口味与菜肴之间的关系，为了避免串味和变味，一般甜的菜肴宜选用甜味原料（如橘子、柠檬、菠萝、草莓等水果）衬垫，煎炸菜应配爽口原料，咸鲜味的菜肴就应选用咸鲜味的装饰原料；麻辣味菜可以用味淡的原料。总之，以不影响菜肴的原有风味为宜。

（3）根据菜肴成品的色泽确定装饰样式。装饰原料的颜色选择应根据以菜肴烹调后的色泽为依据来进行，以菜肴的主色调为主，适当装饰可使菜肴的色彩突出，一般采用反色衬法，其目的是突出菜肴本色，如菜肴的主色调是暖色，则装饰原料用冷色原料装饰；如菜肴色泽为冷色，就用少量暖色原料装饰。切勿让装饰颜色掩盖菜肴的色彩，以免喧宾夺主。

（4）根据菜肴的形态确定装饰样式。菜肴成菜的形态是因烹饪原料、刀工、烹调方法的不同，制作出的菜肴成品有不同的形状。如末、丁、条、丝、茸、片、块等小型原料烹制的菜肴，可采用全围点缀进行装饰，这样可使杂乱菜肴变得整齐；整形原料（鱼、鸡、鸭、大虾、咸鸡腿等）烹制的菜肴，采用对称造型装饰、局部点缀式造型装饰；整形菜肴适当采用中心点缀装饰或半围式点缀式造型装饰。

（5）根据宴席的规格和档次确定装饰样式。宴会菜肴的装饰要依据宴席的档次、接待的对象、菜品等进行装饰。宴会菜肴的装饰代表菜肴装饰最高技术水平。在整个宴席制作中，应灵活运用菜肴装饰，不可重复使用一种菜肴装饰。普通的宴席和家宴，要用普通的原料进行简单装饰，装饰原料档次不要过高，否则，有主次不分喧宾夺主之感；中档宴席的菜肴比较讲究，要用特殊原料进行装饰，以免破坏整体气氛；高档宴席的菜肴装饰，必须选用高档次原料装饰，以相互补充，增强宴席的气氛，提高菜肴质量。二是考虑接待对象和宾主的要求确定装饰原料，不可强求一致，还应注意一些不受喜欢或忌讳的花卉不可以用来点缀菜肴，以免适得其反，同时还注意一些习俗和民族习惯。三是考虑接待对象的自身因素，包括年龄、性格、爱好等，年龄大的可采用寓意长寿、祝福的装饰物；年龄小的则可采用色彩热烈、明快的装饰物。

2. 器皿色彩与装饰样式色彩的协调关系

（1）根据菜肴和装饰样式的色彩选择合适色彩和规格的器皿进行设计。餐具的颜色及图案与装饰原料之间要协调，不宜使用深色的或者花纹图案丰富的菜盘。适宜菜肴装饰盛器一般选用单色盘（或纯一色），例如，白色盘、无色透明盘、米黄色盘、蓝色盘和黑亮的漆器盘，这类盛器由于颜色单一，可较好地衬托盘饰和菜肴，其中，白色盘是使用最多的一种，具有清洁、雅致的美感特征，一般的盘饰和菜肴都能与白色盛器相配。在选用其他颜色的盛器时，要注意盛器的颜色是否与盘饰原料的颜色冲突。例如，白色盘可用绿色原料进行装饰，绿色的盛器不适宜排放较多绿色的盘饰，红色的盛器不适宜排放较多红色、橘红色的盘饰。深色盘子要用黄、白色原料进行装饰，异形盘其装饰原料要与之适应、相称。

（2）根据菜肴数量和装饰样式情况确定器皿的品种规格、尺寸大小进行设计。菜肴数量不多或价格较贵的菜肴或制作的装饰样式占盘面小，可选规格尺寸较小的盘；菜肴数量多或制作的装饰样式占盘面大，可选规格尺寸较大的盘盛装。

（3）根据菜肴的外形和盛器的形状的搭配进行设计。使用几何形盛器所制作的盘饰，要紧扣"环行图案"这一显著特征，所设计的盘饰可根据菜肴和盛器而定。盘饰可以根据菜肴的外形和盛器的形状而设计，使菜肴、盘饰和盛器达到统一、和谐。使用象形盛器所制作的盘饰，要充分利用象形图案的特点，在与盛器组配时要求形式的统一。例如仿鱼形的盛器组配鱼形的盘饰，这样可使盛器和盘饰完美统一。同时，在使用这类象形盛器时还必须注意整体美，防止片面追求局部美。

3. 菜品装饰样式的用料色彩

菜肴装饰的原料选择要适当，色彩要鲜明和谐，图案清晰鲜丽，对比调和，与菜肴的颜色要有一定的反差。菜肴的颜色与装饰原料的颜色搭配要相互衬托，符合明度对比、纯度对比、色彩对比规律，如红与绿、黑与白、黄与紫，这类色彩的配合使得图案的形象鲜明突出，相互之间通过不同的色相对比，产生明显的衬托感。还有色调的冷暖效果，夏季与冬季的装饰原料各不相同，夏季以冷色调为主，冬季则应以暖色调为主。要选择纯度高、色调亮的原料，如红樱桃、黄蛋糕、青色菜、山楂糕等。

4. 注意用非食用装饰样式与食用的关系

菜肴点缀装饰原料必须是食用性较强的原料，方便进餐。我们在制作菜肴装饰时，特别注意装饰样式的欣赏性和食用性相协调。装饰原料要尽量利用可食性材料制作，且要尽量做到味道鲜美。以食用的小件熟料、菜肴、点心、水果等作为装饰原料，是比较好的美化菜肴的方法；而采用雕刻作品、琼脂或冻粉、生鲜蔬菜、面塑作为装饰物，来美化菜肴的方法就应受到制约。不可食用的新鲜花朵、金属、树叶以及塑料制品等非食用性原料（如新鲜的月季花、菊花、冬青树叶等）应合理使用，以防对消费者造成伤害。

5. 注意掌握装饰样式的数量和大小

菜品装饰样式的比例、大小、数量，应与菜肴的比例相协调。点缀装饰物要求造型简洁、刀法流畅、成型美观、典雅大方，不宜做的数量太多、形态太大，其数量一般要少于菜肴主体的数量，以免喧宾夺主。在实际应用中，每桌宴席平面切雕装饰最多不要超过四至五道；立体雕刻菜肴装饰高不超过10厘米，数量一到两个即可。

6. 注意装饰样式的拼摆方法

菜品装饰的拼摆制作的好坏对整个菜肴尤为重要。菜肴装饰是菜肴的陪衬，忌费工费时，应采用制作工艺简单便捷、节约时间、易于掌握的方式，摆放要整齐均匀、协调有序，切忌散乱、参差不齐、左右颠倒等不良现象。

7. 注意菜肴装饰的原料要符合食品卫生要求

菜肴美化装饰是制作美食的一种辅助手段，也是可能传播污染的途径之一。菜品装饰样式必须选用清洁卫生、可食性强的果蔬类等原料。装饰美化菜肴时，每个环节中都应重视卫生，无论是个人卫生还是餐具、刀具卫生都不可忽视。菜肴装饰一般不经过高温消毒，过高的温度会使饰品变形、褪色，所以必须将生料洗涤干净消毒后使用，还需与没消毒的原料分开放置，同时，杜绝与菜肴相接触。有的果蔬正常颜色较淡，可以通过焯水的方法，使之色泽更加鲜艳，还可以避免新鲜过脆不易造型，增加了原料的可塑性。菜肴装饰造型的制作时间尽可能在短时间内完成，避免造成食品污染。制作完成的菜肴盘饰如果暂时不用，必须用保鲜纸包裹，防止可能产生的交叉污染。

另外，菜肴装饰造型没有长期保存的必要，加之价格、卫生等因素及工具的限制，不能制作很复杂的构图，也不能过分地雕饰和投放太多的人力、物力和财力。

 知识链接

菜品装饰要求

1. 菜肴装饰要符合菜品标准，食用性是首要要求。
2. 菜肴装饰要做到简单快捷、美观大方、便于操作，禁止繁琐杂乱。菜品的器皿也要搭配得当，才能更好地衬托菜品。
3. 保证装饰品的整洁卫生、色彩搭配合理。
4. 装饰要与菜品保持协调流畅、高雅，禁忌画蛇添足。
5. 在菜品装饰创新过程中，必须根据餐饮前沿流行趋势掌握装饰形式和装饰饰品，结合菜肴本身的制成品特点和形状，同时添加独特的设计元素，制作出符合每一道菜肴自身的装饰造型，让菜肴装饰与菜品相辅相成融为一体。

任务二 菜肴装饰的类型

☆ 掌握点缀式围边的盘饰种类，能手绘其图案。
☆ 掌握环围式盘饰的类型，能手绘其图案。
☆ 了解器皿造型装饰。

菜肴装饰一般采用对称、旁衬、围衬、覆盖、点缀等方法，对菜肴进行美化，可体现菜肴的整体美和内在美。归纳起来有三大类型。

一、点缀式造型盘饰

点缀式造型盘饰（又称边缘点缀）是根据菜肴的特点，把少量天然原料的形状、色彩，加工成一定形状后，放在盘的边缘或者围在菜肴四周或一旁，给予恰如其分的修饰或衬托，提高菜肴的出品外观美感度，满足人们的视觉需求，如凤尾形黄瓜片、捆扎的柴把、红绿樱桃及刻制的平面花形等。装饰作品一般放在圆盘的等分点上，腰盘一般放在椭圆的中心对称位置上。装饰物应与菜肴内容相结合，如川菜常用红辣椒作边缘点缀。其特点注重色彩的合理搭配、形式比较随意、应用范围较广（如花色冷菜、热菜、席间面点等）。

1. 局部点缀式造型盘饰

局部点缀式造型围边又称边角式造型装饰，是指用烹饪原料（如水果、蔬菜类等）加工成一定形状后，摆在盘子的一边或一角的点缀样式（见图2-1-1），以渲染气氛，烘托美化菜肴的技艺。菜肴装盘时，在菜肴的表面、盘面露白处进行局部点缀，可突出菜肴整体美。盘面空白处常用食雕花卉及各种叶类蔬菜加以装饰（见图2-1-2）。其特点简洁、明快、易做，灵活简便，可通过配色、补白手法对菜肴进行装饰，是一种使用频率较高的点缀方法，对菜肴的造型限制较少，通常适用于装饰整型的菜品（如烤羊腿、八宝鸡、火烤鳜鱼、酿烧牛蹄、烤鸭等）。

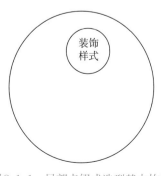

图2-1-1 局部点缀式造型基本构图

图2-1-2 局部盘饰实物图

知识链接

热菜菜品表面装饰之覆盖点缀

对热菜菜肴主体可用各种可食性原料加以美化点缀。

覆盖点缀：在菜肴的表面及其周围，用点缀物加以覆盖，以使菜肴美化。覆盖点缀除了美化菜肴外，还有两个作用：一是补充调味作用，如"梁溪脆鳝"，成菜后用姜丝覆盖点缀，增加了色彩，同时起调味作用；二是弥补菜肴在制作中的不足，如制作整鱼时，鱼皮受损，装盘后，对鱼的表面进行覆盖点缀，能达到以美遮丑的效果。

2. 非对称点缀式造型盘饰

非对称点缀式造型盘饰又称三点式、鼎足式、盘饰，是指用烹饪原料（如水果、蔬菜类等）加工成一定形状后，以菜肴为中心，在盘边摆出不对称的点缀样式（见图2-1-3、图2-1-4），以渲染气氛，烘托美化菜肴的技艺。主要适用于圆盘盛装的丝、片、丁、条或花刀块等形状且汤汁少的菜肴。

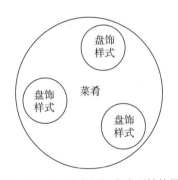

图2-1-3　非对称点缀式造型结构图

图2-1-4　非对称点缀盘饰实物图

3. 对称点缀式造型盘饰

对称点缀式造型盘饰又称对称点缀法，是指用烹饪原料（如水果类、蔬菜类等）加工成一定形状后，以菜肴为主体，在盘中做出形状相同、排列距离相等、色泽相同的相对称的点缀物，以渲染气氛，烘托美化菜肴的技艺。适用于椭圆腰盘（如鱼盘、条盘）盛装菜肴时装饰，其特点要求刀工精细、选料恰当、拼摆对称协调、简单易掌握。根据不同的菜肴要求，选择不同的对称点缀式造型围边方法。

（1）单对称点缀式造型盘饰。单点对称即在餐盘的两边（两端），摆上大小一致，色彩相同，且形态对称的点缀样式（见图2-1-5、图2-1-6），使之协调美观，一般应用于整料的菜肴。如用黄瓜切成连刀边，隔片卷起，放在盘子两端，每两片逢中嵌入一颗红樱桃，做成对称花边等。

图2-1-5　单对称点缀式造型结构图

图2-1-6　单点对称盘饰实物图

（2）交叉对称点缀式造型盘饰。交叉对称点缀式又称双点对称式点缀，是在餐盘的周边摆上两组对称点缀样式（见图7、图8）的摆放方法，其中每组点缀花的颜色、大小、规格也应相一致。

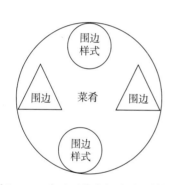

图2-1-7　交叉对称点缀式造型结构图

图2-1-8　交叉对称盘饰实物图

（3）多对称点缀式造型盘饰。多对称点缀式造型是在餐盘的周边摆上两组或两组以上的点缀样式（见图2-1-9、图2-1-10），每组之间距离要求相等。在实际应用时需要注意围边样式的规格大小、品种，不宜选用立体雕刻的点缀样式，否则会给人以繁琐、喧宾夺主之感，

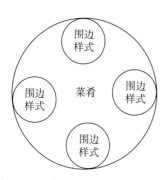

图2-1-9　多对称点缀式造型结构图

图2-1-10　多点对称盘饰实物图

宜用一些小型平面雕切的几何体或小型动物、小草、小花等。常见的有四、六、八个点缀造型组成。在进行交叉和多对称点缀时，盛菜器皿须是规格对称的餐具，一些不规则的或象形餐具不宜作此类点缀。

4. 中心点缀式造型盘饰

中心点缀式造型盘饰又称中央式围边、中心点缀法、中心摆入法，是指用烹饪原料（如水果类、蔬菜类、面点等）加工成一定形状后放置在盘子的中央，以菜肴为主体，呈放射型排放（或中心对称排列）式样（见图2-1-11、图2-1-12）。这种方法多采用立体围边样式摆放在盘子的中心，以突出意趣或主题，以渲染气氛、烘托美化菜肴。立体雕刻要求技术水平较高，不能粗制滥造，否则会适得其反。对菜肴进行装饰，能把散乱的菜肴有计划地堆放和盘中心拼花的装饰统一起来，使其变得美观。其适用于单个成形菜肴（如冷菜和酥炸类菜肴等），一般呈中心对称排列，或适宜放置蒸制菜肴和炸制菜肴。

图2-1-11　中心点缀式造型结构图

图2-1-12　中点点缀盘饰实物图

 知识链接

热菜菜品装饰之中心装饰

（1）中心覆盖法：这种方法适用以向心式或离心式构图的菜肴。如"素什锦"的原料五颜六色。各种原料呈扇形一次排列组成一个圆，圆心处用香菇或银耳等加以覆盖点缀，则能取得整齐划一的效果。

（2）中心扣入法：两种菜同装一盘，将其中一菜码碗定型，蒸熟后扣入盘的中央，另一菜围摆周围。如"鱿鱼蛋卷"，将蒸制的蛋卷改刀码碗，掺汤调味，蒸制后滗汤汁扣入盘中，四周围摆上烹制入味的鱿鱼。两菜交相辉映，美观大方。

（3）中心堆叠镶嵌法：如"莲蓬豆腐"，将鹌鹑蛋逐个倒入调匙内蒸制定型作花瓣，用鸡茸糊作黏合剂，在圆盘中央堆叠成荷花状。主料莲蓬豆腐围摆周围，上笼蒸熟后再浇以清汤即可。

5. 分隔式点缀造型盘饰

分隔式点缀造型盘饰又称分割点缀式，是指用烹饪原料（如水果、蔬菜类等）加工成一定形状后，在盘中做一个点缀装饰，两侧做出同样大小、同样色泽的相对称的装饰带（图2-1-13、图2-1-14），能把散乱不同味型的菜肴有计划地堆放一起，使其形状美观且互不串味，适用于两个或两个以上口味的菜肴，一般采用中间隔断或将圆盘三等份的式样较多，适宜放置煎炸、滑炒等菜肴。

图2-1-13　点缀分隔式造型结构图

（a）

（b）

图2-1-14　分隔式点缀盘饰实物图

二、环围式造型盘饰

环围式造型盘饰又称镶边、包围式，是根据烹饪原料的不同颜色，加工成一定形状后，在菜肴周围或盛器内围摆成一定的图案，以提高菜肴的出品外观美感度，满足人们的视觉享受。其特点能增加菜肴的美感，稳定菜肴的位置，增加菜肴装盘后的象形感。围成的形状有几何图案，如圆形、三角形、菱形等。用于热菜围边的原料以熟制热吃为主（如滑炒等菜肴），适用于单一口味的菜肴盘饰。

1. 半围式造型盘饰

半围式造型盘饰又称半围式点缀，是指用烹饪原料（如水果、蔬菜类等）加工成一定形状后，摆在一边或盘子一侧点缀装饰（见图2-1-15、图2-1-16），以渲染气氛，烘托美化菜肴的技艺。其特点不对称但协调，没有固定的形态规律，一边装饰另一边盛装菜肴恰到好处。主要适用于圆盘或鱼盘，适用于装饰各种类型的菜肴。制作时要掌握好盛装菜肴和装饰品的分量比例、形态比例和色彩比例，可根据菜肴形态的需要进行装饰，半围式点缀装饰造型约占盘周的三分之一，主要是追求某种主题和意

图2-1-15　半围式造型结构图

图2-1-16　半围式盘饰实物图

境来美化菜肴，以突出主料。

2. 点围式造型盘饰

点围式造型盘饰又称点缀围边造型，是指用烹饪原料（如水果、蔬菜类等）加工成一定形状后，以菜肴为中心先在盘子边点缀一个立体装饰，然后再围摆装饰（见图2-1-17、图2-1-18），以渲染气氛，烘托美化菜肴的技艺。特点色泽鲜艳，造型美观，想象力丰富。

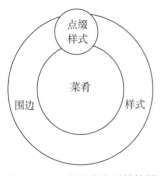

图2-1-17　点围式造型结构图

图2-1-18　点围式盘饰实物图

3. 全围式造型盘饰

全围式造型盘饰是一种常用的点缀方法，又称全包围点缀，是指用烹饪装饰原料（如水果、蔬菜类等）加工成一定形状（如片、丝、条等小块原料）后沿盘边进行四周摆放，以菜肴为中心，把菜品围在盘中间的一种排列技法，如图2-1-19、图2-1-20所示。

图2-1-19　全围式造型盘饰结构图

全围式造型盘饰可以弥补菜品装饰造型不足或不便的作用，如"清炒肉丝""滑炒鱼米"等。在操作中菜品装饰原料要求加工大小、厚薄、颜色一致，围摆均匀，整齐美观，同时还应注意其整体比例、规格、数量，应与菜肴相协调，避免主次不分，常用于单一口味、原料形小为主的菜肴盘饰，一般适用于滑炒等菜肴。

（a）

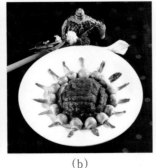

（b）

（c）

图2-1-20　全围式盘饰实物图

知识链接

热菜菜品装饰之以菜围边装饰

　　以菜围边：用两种不同烹饪原料分别烹调成菜后，以一菜围住另一菜的形式，或用配料镶出图案框架，主料填充其间。一般主菜置于盘中，配菜作围边，配菜起添加色彩、调剂口味、美化菜肴的作用。如"香菇菜心"用菜心围边或用煮熟的鸽蛋与菜心间隔围边，使菜肴白、绿、黑三色相间。这种形式比较活泼，有一定的节奏感。

---

4. 象形环围式盘饰

　　象形环围式盘饰又称拼摆式盘饰，是利用原料固有的形状和色泽，运用各种刀具采用切拼、排放、拼摆等特殊的操作技法及构图艺术手法，将原料在器皿内围摆成各种平面象形纹样物体图案，然后将所制作的菜肴填入其内的切拼技法。象形环围式围边从整体菜肴的外观上给人一种形象逼真的感觉。在选择原料时要注意原料的色彩与菜肴的色彩是否协调，如果颜色过于接近或反差过大，都会影响菜肴的整体质量。我们在制作象形环围式围边时，采用

切拼法拼摆成的各种图案最好与菜肴主体相呼应。如"年年有鱼"这道菜，可制作一个鲤鱼戏水的菜肴盘饰（见图2-1-22），这样不仅对菜肴作了点缀，且富有寓意，可谓两全其美。象形环围式围边的特点选料精细，拼摆讲究，造型美观逼真、高低错落有致、色彩搭配协调和谐等，它能起到烘托菜肴、美化席面、渲染气氛的作用。拼摆式盘饰由于选料广泛，拼摆手法工艺操作简便，能组合成各种平面纹样图案，使用频率较高。常见的象形环围式盘饰结构图如图2-1-23至图2-1-25所示。

图2-1-21　鱼形环围式实物图

图2-1-22　寿桃象形环式盘饰结构图

图2-1-23　扇形象形环式盘饰结构图

图2-1-24　花篮象形环围式盘饰结构图

图2-1-25　宫灯象形环围式盘饰结构图

 知识链接

热菜菜品装饰之象形物装饰

　　象形物围边将烹饪原料熟制后雕刻成各种具体的实物象形用于围边，如金鱼、琵琶、白兔、葫芦、梅花等。如"金鱼鲜贝"，将码碗蒸熟的鲜贝扣入盘中，再将熟鸽蛋切成两片，用鸡肉茸将鸽蛋与鸭掌黏合成金鱼状，熟制后用于围边。类似的菜肴很多，如"明珠扒海参""玉兔五彩丝"等，盘饰必须保证主菜的质量，否则华而不实。

三、菜点器皿造型装饰

　　菜点器皿造型装饰又称雕刻式盘饰，是利用烹饪原料固有的形状和色泽，采用雕刻、拼装等技法，将其雕刻成各种象形的立体盛装器皿和平面盘饰相结合的点缀式样的图案，用于盛装菜肴，烘托美化菜肴的技艺。雕刻所用的原料是质地脆嫩的瓜果蔬菜，制作时需要特殊的雕刻工具，运用切、雕、染、砌等技法，做成花、鸟、鱼、虫等象征吉祥的作品，放于盘中用以点缀和衬托菜肴。这种品质较高的盘饰，需要操作者有较高的技艺，一般应用于主桌和主菜上。菜点器皿造型装饰适用于高档宴席的菜肴作。器皿造型装饰示例如图2-1-26至图2-1-30所示。

图2-1-26 龙头龟盅

图2-1-27 龙舟

图2-1-28 西瓜盅

图2-1-29 桔瓣虾

图2-1-30 满载而归

 知识链接

热菜菜品装饰之寓意性装饰

寓意性装饰方法比较复杂，制作者不仅要有一定的烹饪技巧，而且还应有一定的文学和美学修养。制作前根据原料内容，联系宴会主题和文学典故及成语，先立意，经过完整巧妙的构思，运用各种装饰手法，将菜肴内容、菜名、装饰物融为一体。如菜肴"金雀归巢"，制作者抓住雀与巢的形象特征和生活环境的内在联系，进行整体设计，先用土豆丝拌面粉在特制模具内码形，再经炸制后形如"雀巢"，将"雀巢"置于盛装菜肴，然后用立体雕刻作品"金雀"和萝卜花作旁衬，再用形似草的细萝卜丝堆摆在"雀巢"周围，最后用绿叶和雕刻小花作配色点缀，整个菜肴形象生动、装饰得体，使就餐者品尝美味的同时，引发一系列审美联想，从而获得一定的饮食文化享受。

　　随着我国经济的迅速提升和发展，现在的就餐者在饮食视觉层面上要求越来越高，对于餐饮工作人员来讲，只有与时俱进地了解菜肴装饰的原料性质和可操作性，才能提升菜肴本身的品位、档次以及创造出更多的灵感和创意来赋予美食的灵魂，这是餐饮行业同仁未来努力的方向。

　　菜肴装饰用的原料应色彩鲜明亮丽，价格便宜，用料广泛，可选择范围大，容易采购，甚至还可用边角余料进行各种档次的菜肴装饰与点缀。菜肴装饰应根据菜肴的特点，充分发挥丰富的想象力，大胆创新，设计制作出新颖的图案要简洁、大方、整齐，以取得更好的视觉效果，切忌图案的繁琐、杂乱、庸俗和怪诞。当今菜肴整体的造型方向是视觉感好、简单精致、方便快捷、美观大方、色彩搭配合理、卫生健康、高效率，融入菜肴的制作特点以及西餐装盘技法，合乎每一道菜肴自身的造型。让菜肴和装饰围边融为一体，成为菜肴的组成部分。在制作过程中，不仅要求操作者具有扎实的基本功、装饰技法娴熟，还要注重原料本身的色彩、形状，利用切、削、刻、戳、旋、叠、摆等技法，制作出各种造型。菜肴装饰作品选择图案时，应尽量拓宽表现题材的范围。菜肴装饰作品风格方面，可借鉴剪纸作品图案，及中西式蛋糕的构图方式和外观风格，这两类艺术形式带有浮雕和半立体构图艺术的特点，可以通过原料替换，将部分代表性图形图案移植过来。在形式和内容方面，还可尝试改变作品的总体外观，要向立体、半立体、浮雕、木刻等方向转变或靠近。要想在菜肴装饰方面有创意构思、设计制作上有所突破，必须多看、多学、多练。只要自己坚持不懈地努力，掌握菜肴装饰正确的方法，练就扎实的基本功，熟悉了解必备的美学知识，具备了一定的艺术修养后，才能使其在餐盘中与菜肴相得益彰，为菜肴锦上添花。

项目二　花草盘饰作品制作

▶ **项目目标**

1. 通过学习花草品种与特点去设计出观赏性强的作品与菜肴进行合理搭配从而达到美化菜品，增添色彩。

2. 能够根据原料的特点去设计与运用，并能够运用到实际工作当中，为全面掌握盘饰的制作打下良好基础。

3. 养成遵守规程、安全操作、整洁卫生的良好习惯，并正确认识盘饰的实用性，增强对本专业的情感认知。

▶ **项目介绍**

花草盘饰以菜品为媒介，将中国花草艳丽色彩、寓意诗词以及饮食文化、造型技法相融，把鲜花运用到菜肴的装饰中来，反映中国饮食文化的意境之美，抒情地呈现出情景相融、虚实相生，活跃着生命律动的韵味和无穷的诗意空间，主要采用色泽较为绚丽、自然、小型的花卉和盆栽植物，经过精心的修剪、装配，对菜肴进行适当的装饰点缀的一种方法。花草盘饰因有着各自独特的香气与艺术造型在菜肴装饰上的运用越来越成熟，已经成为现代餐饮不可替代的组成部分。花草盘饰主要的特点是成本低，出品快，造型美观，是现代餐饮业比较流行的装饰技法之一。

任务一　勃勃生机

学习目标

☆ 能够认识花草类盘饰制作的各种原料和相关知识。
☆ 能在规定的时间内独立完成生机勃勃的制作。
☆ 能够复述果蔬加工类盘饰制作的操作步骤和操作要领。
☆ 具有一定的自学能力和创新能力。
☆ 具有精益求精的工匠精神和团结协作的精神。

采用厨房常见的香料桂皮为主体与各具特色的天门冬、情人草、鸡冠花、石竹梅、枫叶进行结合，通过设计由低到高的层次及色彩对比的搭配，使作品具有层次分明、色彩丰富、制作方便快捷的特点，能够有效地弥补菜肴本身色彩的不足，使消费者在味蕾上得到满足的同时还能得到视觉上的享受。

▶ **任务实施**

1. 原料

干桂皮1根，天门冬1枝，情人草1枝，鸡冠花1朵，石竹梅2朵，枫叶2张，黑色、粉红色、蓝色果酱各1瓶，土豆泥、澄面团适量。

2. 工具

裱花袋1个，裱花嘴1个，剪刀1把。

3. 制作过程

☆ 工艺流程

准备原料和工具→抹果酱→挤土豆泥→压澄面→定主体（桂皮）→配花草→清理碟面。

☆ 作品图解

勃勃生机步骤图如下所示。

图2-1-1　果酱画出底线
　　　　澄面土豆泥做底

图2-1-2　在土豆泥上插入桂皮

图2-1-3　插入天门冬

图2-1-4　插入鸡冠花

图2-1-5　插入情人草

图2-1-6　石竹梅点缀成形

4. 技术关键

（1）澄面团置于土豆泥下，有效稳定干桂皮。。

（2）挤土豆泥时要注意纹路清晰。

（3）组装时要注意原料的高低错落，颜色搭配有对比。

相关知识

桂皮又称肉桂、官桂或香桂，为樟科植物天竺桂、阴香、细叶香桂、肉桂或川桂等树皮的统称。本品为常用中药，又为食品香料或烹饪调料。商品桂皮的原植物比较复杂，约有十余种，均为樟科樟属植物，常用的有8种，其中主要有桂树、钝叶桂、阴香及华南桂等。桂皮在西方古代被用作香料，中餐里用它给炖肉调味，是五香粉的成分之一。

人文天地

1+1>2

桂皮、天门冬、情人草、鸡冠花、石竹梅、枫叶单独放置也许并不耀眼，但是通过盘饰技巧，将它们整合之后，就产生了"1+1>2"的效果，这就是协同效应。协同效应原本为一种物理化学现象，又称增效作用，是指两种或两种以上的组合相加或调配在一起，所产生的作用大于各种单独应用时作用的总和。

任务 花香

学习目标

☆ 能够认识花草类盘饰制作的各种原料和相关知识，具有自学和创新能力。
☆ 能在规定的时间内独立完成花草类盘饰花香的制作。
☆ 具有精益求精的工匠精神和团结协作的精神。

采用一些色泽绚丽、自然、小型的花卉和盆栽植物，经过精心的修剪、装配，对菜肴进行适当的装饰点缀，通过设计由低到高的层次及色彩对比的搭配，使作品具有层次分明，色彩丰富，制作方便快捷的特点，本作品因有着独特的香气与艺术造型在菜肴装饰上起到了锦上添花的作用。

▶ **任务实施**

1. 原料

澄面20克，果酱1瓶，散尾叶1片，银杏叶2片，石竹梅1支，情人梅1支，满天星1支，石榴花1朵。

2. 工具

手套、片刀、厨房用纸。

3. 制作过程

☆工艺流程
准备原料和工具→抹果酱→压澄面→定主体（散尾叶）→配花草→清理碟面

☆ 作品图解

花香步骤图如下所示。

图2-2-7　抹上果酱

图2-2-8　摆上澄面

图2-2-9　插上散叶

图2-2-10　插上银杏

图2-2-11　插上勿忘我

图2-2-12　插上石榴花

4. 技术关键

（1）抹果酱时要注意弧度和线条大小的变化。

（2）修剪花枝时掌握好花的高度。

（3）插花时注意高低错落要有秩序。

　相关知识

　　银杏树的果实俗称白果，因此银杏又名白果树。银杏树生长较慢，寿命极长，自然条件下从栽种到结银杏果要二十多年，四十年后才能大量结果，因此又有人把它称作"公孙树"，有"公种而孙得食"的含义，是树中的老寿星，具有观赏，经济，药用价值。

人文天地

　　本作品以坚韧挺拔的思想为设计理念，以散叶为主体坚挺地立在澄面上，搭配着具有长寿寓意的银杏叶和色彩丰富的花草使本作品具有色彩斑斓，造型挺拔的特点。整个作品给人呈现坚韧向上的感觉，鼓励同学们在积极向上的氛围中树立坚韧的耐力、积极的人生观。

任务二　笑口常开

 学习目标

　　☆ 能够认识花草类盘饰制作的各种原料和相关知识。
　　☆ 通过学习，能在规定的时间内独立完成笑口常开地制作。
　　☆ 具有精益求精的工匠精神和团结协作的精神。

　　石榴象征多子多福，富贵长寿。石榴花的花语是成熟的美丽，富贵和子孙满堂。盛开的石榴花雍容华贵，有一种成熟的美感，花型类似牡丹，是富贵的象征。本作品采用常见的花草与石榴结合，以石榴为中心，通过设计高、中、低三个层次及色彩的搭配，表达出了多子多福，富贵长寿、吉祥快乐的寓意，为菜肴主题增添了浓厚的味道。

▶ **任务实施**

　　1. 原料

　　天门冬1支，满天星1枝，石榴1个，石榴花瓣1朵，小菊花1朵，糖粉、澄面适量。

　　2. 工具

　　雕刻刀1把，剪刀1把，手套、厨房用纸适量。

　　3. 制作过程

　　☆ 工艺流程

　　准备原料和工具→撒糖粉→压澄面→定主体（石榴）→配花草→清理碟面。

　　☆ 作品图解

　　笑口常开制作步骤图如下所示。

图2-2-13　裱花袋挤出花纹澄面　　图2-2-14　石榴固定在碟子上

图2-2-15　插上天门冬

图2-2-16　插上大波斯菊花

图2-2-17　插上满天星

图2-2-18　撒上花瓣

4. 技术关键

（1）糖粉不宜过量。

（2）天门冬和满天星的原料修剪造型大小合宜。

（3）组装时要注意作品的高低错落，颜色搭配不能太艳丽。

 相关知识

　　石榴果皮厚，种子多，浆果近球形，果熟期9至10月，外种皮肉质半透明，多汁，内种皮革质。石榴性味甘、酸涩、温，具有杀虫、收敛、涩肠、止痢等功效。石榴果实营养丰富，维生素C含量比苹果、梨要高出两倍。

项目三 水果盘饰

▶ **项目目标**

1. 通过学习水果品种与特点去设计出观赏性强的作品与菜肴进行合理搭配，从而达到美化菜品，增添色彩。

2. 能够根据原料的特点去设计与运用，并能够运用到实际工作当中，为全面掌握盘饰的制作打下良好基础。

3. 养成遵守规程、安全操作、整洁卫生的良好习惯，并正确认识水果盘饰的实用性，增强对本专业的情感认知。

▶ **项目介绍**

随着生活品质的不断提升和全社会提倡的健康饮食，让盘饰与菜肴营养相搭配成为现代餐饮菜品装饰不可替代的一部分。盘饰造型千变万化，水果盘饰从八十年代的番茄卷花到如今的高档水果做装饰，体现了人民生活水平的日益提高。虽原料变化，在设计菜品时，为了达到审美效果，都有一个共同点，就是利用水果自身的颜色搭配，结合自然美、装饰美、工艺美和意境美来展现菜品的视觉形象。

水果不经加热，略加切雕装饰于盘边，与菜肴共食成了珠联璧合之选，在菜肴中加入水果不仅可以提高菜的营养价值，其鲜艳的色彩还可以给人愉悦的感受。独特的水果香气与味道再加上拉片、翻卷、叠加、雕切等手法，在继承传统技法的基础上不断创新，力求线条简洁、手法单一，以达到食用与艺术的完美结合。巧用水果颜色对菜品的颜色进行衬托（互补色、对比色、相近色等），使制作出来的菜肴色彩亮丽，层次感强烈。

水果盘饰中常用的水果有苹果、橘子、香蕉、草莓、哈密瓜、樱桃、蓝莓、柠檬、葡萄、芒果、荔枝、菠萝、西瓜等。

任务一 情雅意韵

> **学习目标**
> ☆ 能够认识水果类盘饰制作的各种原料和相关知识。
> ☆ 能在规定的时间内独立完成情雅意韵盘饰的制作。
> ☆ 能够复述水果盘饰制作的操作步骤和操作要领。

哈密瓜的形状、颜色因品种而异，通常为球形或长椭圆形，果皮有网纹、光皮两种，色泽有绿、黄白等，果肉有白、绿、桔红，肉质分脆、酥、软，风味有醇香、清香和果香等。瓜肉翠绿，质细多汁，含糖分高，入冬后食之，更是香气袭人，甘甜爽口。与外形呈圆球状，小巧玲珑，颜色鲜艳的樱桃萝卜相结合，使其成品色泽艳丽、造型美观，可以给予菜肴在色彩、造型、解腻、营养等方面新的生命，以此达到点缀与提高菜肴档次的目的。

▶ **任务实施**

1. 原料

哈密瓜1片，水萝卜3个，小青柠1个，黑色果酱1瓶，火龙果1片，松针1枝，澄面团适量。

2. 工具

片刀1把，雕刻刀1把，QQ刀1把。

3. 制作过程

☆ 工艺流程

准备原料和工具→哈密瓜切三角形→樱桃萝卜做成蘑菇状→青柠切四方胚→定主体→配花草→果酱→清理碟面。

☆ 作品图解

情雅意韵美制作步骤图如下所示。

图2-3-1　哈密瓜切三角形立碟子上

图2-3-2　萝卜做成蘑菇形状

图2-3-3　青柠切四方块

图2-3-4　天门冬点缀绿色

图2-3-5　黑色点果酱点缀

图2-3-6　用果酱画上小脚丫

图2-3-7　摆上番茄花

4. 技术关键

（1）哈密瓜雕刻三角形要大小适当，上薄下厚。

（2）水萝卜雕刻的蘑菇要有大有小，高低错落。

（3）整个盘饰构图要清晰明了。

 相关知识

常见水果在盘饰中的运用

（1）蓝莓作为盘饰，可以突出菜肴主体颜色不单一，还可以把菜肴的颜色衬托的更加鲜艳。

（2）圣女果作为盘式存在于盘子中往往是被切开两瓣，亦或切开成花瓣样式，搭配其他辅料而成。

（3）柠檬颜色亮丽，黄色为暖色，可激发食欲，柠檬外皮可被削成花瓣状，切下整片柠檬片可直接旋转摆于盘上。

（4）樱桃有的浅红、有的深红，绿色的长柄更添美感，搭配奶油可用于西餐甜品的盘饰搭配。

 人文天地

　　二战时，一个士兵突袭敌人背后，遭到反击战败，逃命到一个山洞，敌人大面积搜山。他躲在洞中祈祷不被敌人发现，突然他的胳膊被一只蜘蛛狠狠蜇了一下，他非常生气，刚要捏死它，突然心生怜悯，又放了它。蜘蛛爬到洞口织了一张新网，敌人搜索到山洞，看见洞口完好无损的蜘蛛网，猜想洞中必然无人，就走了。

　　生活中往往我们在帮助别人的同时就是帮助自己，虽然现在得不到回报，将来必得到回报。在过去中，我们有过失败，也有过精彩，我们的人生充满了跌宕起伏。在未来，希望大家有更好的心态迎接生命中的每一次挑战。

任务二　风华恋舞

学习目标

☆ 能够认识水果类盘饰制作的各种原料和相关知识。

☆ 能在规定的时间内独立完成水果类盘饰风华恋舞的制作。

☆ 能够复述水果类盘饰制作的操作步骤和操作要领。

　　橙子采用刻瓜皮花刀的方式呈现，既体现出作品的美感又增加了作品的艺术性，利用西瓜的红色作为主题，利用原料之间颜色来形成对立之感和层次感在摆盘的时候尤为重要。绿色给人以新鲜，凉爽的感觉。红色是激情和令人兴奋的象征，黑色则是稳重和高雅的代表，蓝色又是天然的冷色颜色。色彩的搭配，如果使用不当，菜品外观可能会让顾客缺乏食欲。通常当一个菜品含有2种中性颜色和2~3种亮色的食物时会更引人注目。

▶ **任务实施**

　　1. 原料

　　西瓜1片，橙子1个，火龙果1片，小青柠1个，石榴籽8颗，薄荷叶3张，石竹梅1枝，小花1枝，黑色果酱1瓶。

　　2. 工具

　　片刀1把，雕刻刀1把。

　　3. 制作过程

　　☆ 工艺流程
　　西瓜改刀→橙子切花刀→青柠改刀→散石榴籽→配花草→清理碟面。
　　☆ 作品图解
　　风华恋舞制作步骤图如下所示。

图2-3-8　用果酱刷出线条

图2-3-9　西瓜改刀摆在线条上

图2-3-10　橙子皮切花刀

图2-3-11　摆上火龙果

图2-3-12　青柠横向切开

图2-3-13　散上石榴籽

图2-3-14　薄荷叶点缀　　　　　　　　　　图2-3-15　用鲜花做装饰

4. 技术关键

（1）西瓜不能选择太熟的。

（2）橙子的皮不要片太厚，以免卷不了造型。

（3）所有的原料都要摆放在果酱线条上，呈长条形。

（4）在摆放时要注意作品的高低错落，造型美观。

 相关知识

水果盘饰特点

（1）成本低。制作一个水果盘饰作品成本需要几毛钱，成本较低。

（2）制作快捷。教学盘饰设计立足于实用、快捷，水果盘饰的制作时间在1~3分钟能完成。

（3）色彩艳丽。水果盘饰的色彩主要是水果自身的色彩，淡淡的果香加上五彩缤纷的色彩使成品绚丽高雅，光泽感强，更具有表现力。

（4）艺术感强。通过结合对水果的改刀制作盘饰，使得整个菜品富有美感，具有艺术内涵。

（5）丰富味型。水果盘饰在美化菜肴的同时，还能为菜肴增味、添香，丰富菜品的味型，提升菜品的食用价值。

 人文天地

色彩的奥秘

在心理学范畴，不同颜色具有不同的寓意。红色代表热情、活泼、张扬，容易鼓舞勇气，同时也很容易生气，情绪波动较大，西方以此象征牺牲之意，东方则代表吉祥、乐观、喜庆之意，红色也有警示的意思。橙色代表时尚、青春、动感，炽烈之生命，太阳光也是橙色。蓝色代表宁静、自由、清新，也代表沉稳，安定与和平，欧洲作为对国家忠诚之象征，中国海军的服装就是海蓝色的。深蓝代表孤傲、忧郁、寡言。浅蓝色代表天真、纯洁。绿色代表清新、健康、希望，是生命的象征，代表安全、平静、舒适之感。紫色代表有点可爱、神秘、高贵、优雅，也代表着非凡的地位。一般人喜欢淡紫色，有愉快之感；青紫一般人都不喜欢，不易产生美感。紫色有高贵高雅的寓意，神秘感十足，是西方帝王的服色。黄色灿烂、辉煌，有着太阳般的光辉，象征着照亮黑暗的智慧之光。黄色有着金色的光芒，象征着财富和权力，它是骄傲的色彩，东方代表尊贵、优雅，是帝王御用颜色；西方基督教以黄色为耻辱象征等等。了解不同色彩的寓意，更利于在不同场合选择不同的色彩造型。

任务三　唯美星辰

☆ 能够认识水果类盘饰制作的各种原料和相关知识。
☆ 能在规定的时间内独立完成唯美星辰的制作。
☆ 能够复述果蔬加工的操作步骤和操作要领。
☆ 具有精益求精的工匠精神和团结协作的精神。

　　水果盘饰在设计中，利用瓜果蔬菜的原料造型和丰富的色彩，通过艺术设计和组合，将瓜果蔬菜与其他物件相结合设计出有艺术感的艺术造型。在进行盘饰造型设计时，要尽量将盘饰中的组成元素相对集中，不宜过于分散。盘饰造型主要是为了装点菜肴，过于分散，不能起到点缀菜肴的作用，会降低菜肴在盘中的主体地位。在本次作品练习中利用苹果片表皮的色差线条和黄瓜卷的艺术线条来呈现出一种线条的唯美，再加上萝卜刻画的珊瑚造型来做背景，将线条造型元素集中在一起来进行装饰点缀，凸显菜肴的主体，为菜肴增色。

▶ 任务实施

1. 原料

青萝卜1根，小黄瓜1个，小西红柿1个，枫叶1片，火龙果1个，石榴籽5个，黑色、黄色、蓝色、红色果酱各1瓶，松针1小支，苹果1个。

2. 工具

片刀1把，雕刻刀1把，u形戳刀1把，QQ刀1把。

3. 制作过程

☆ 工艺流程
准备原料和工具→画果酱→摆珊瑚片→摆苹果片→撒石榴→摆黄瓜卷→配枫叶→天冬门点缀→清理碟面。

☆ 作品图解
唯美星辰制作步骤图如下所示。

图2-3-16　用果酱画出线　　　图2-3-17　刻好的珊瑚造型插　　　图2-3-18　苹果切片摆在
　　　　条造型　　　　　　　　　　　　在小番茄上　　　　　　　　　　珊瑚片前面

图2-3-19　散上石榴籽和火龙果球　　图2-3-20　摆上黄瓜卷　　图2-3-21　摆上枫叶做点缀

图2-3-22　用天门冬做点缀　　　　　　图2-3-23　清洁碟面

4. 技术关键

（1）切苹果时要注意刀距要薄厚均匀。

（2）刻珊瑚片时要自然协调忌过高过大。

（3）线条的绘画要注意随意感，不宜太大。

（4）整个作品要注意高低错落，色彩搭配协调。

 相关知识

中西式盘饰的结合

中西融合并不是单纯地将菜品组合在一起，也不是盲目的创新，需要厨师本身有深厚的专业基础，对食材搭配，菜肴的点缀、呈现方式及各地饮食文化有所了解，进而在"色香味俱全"的基础上来进行菜品口味与造型的转变，给予菜品新的生命，达到融合的目的。

在设计菜品时，中西式摆盘有一个共同点，是从"点、线、面"入手，结合自然美、装饰美、工艺美和意境美来一展菜品的视觉形象，由此可见，"点线面"是中西摆盘的精髓所在。使用不同颜色的酱汁装盘出来的效果会更有美感。通常根据颜色也可以分成甜咸不等，比如橙色酱汁可以选用芒果酱、南瓜酱或者胡萝卜酱；黑色的可以用黑醋汁或者巧克力酱；绿色的可以选用菠菜汁、香葱酱、豌豆酱等。

项目四 果酱盘饰

▶ 项目目标

1. 通过本项目的学习，了解果酱画的基础知识，掌握果酱画的操作步骤和操作要领。

2. 掌握果酱画中各种手法的运用与技巧，并能够运用到实际工作当中，为全面掌握果酱画的制作和设计打下良好基础。

3. 养成遵守规程、安全操作、整洁卫生的良好习惯，并正确认识果酱画的实用性，增强对本专业的情感认知。

▶ 项目介绍

果酱盘饰是结合我国国画的表现形式用酱汁、果酱在餐盘上绘制精美图案来装饰菜肴或者搭配其他的装饰材料组合成立体的造型来装饰菜肴的方法。盘饰是提升菜肴品质的名片，通过具有艺术内涵的盘饰造型来提升烹饪艺术的内涵。菜品盘饰以原料的自然美、装饰美、工艺美、意境美来一展菜品的视觉形象，可以提高菜肴的档次，烘托宴席的气氛，增加顾客的食欲。

在菜品点缀装饰方面，借鉴西餐的酱汁点缀装盘的方法，结合了我国国画的表现形式，把国画的技法结合果酱绘制当中，在传承中创新，古为今用，洋为中用，运用酱汁、果酱在瓷盘上作画来装饰菜品。将果酱绘制画卷、诗词的百里之势浓缩于餐盘的咫尺之间，而食客们欣赏到的是从餐盘有限的方寸之间体味餐饮文化的博大精深。

任务一 梅花

学习目标

☆ 能够叙述梅花的文化内涵及其寓意。

☆ 能够运用工具书、互联网等学习资源收集梅花制作的相关信息。

☆ 能够按照制作过程运用果酱画一个梅花的盘饰作品。

梅花是中国十大名花之首，与兰花、竹子、菊花一起列为"花中四君子"，与松、竹并称为"岁寒三友"。梅，"独天下而春"，作为传春报喜、吉庆的象征，从古至今一直被中国人视为吉祥之物，梅花的花色有紫红、粉红、淡黄、淡墨、纯白等多种颜色。古人认为"梅以形势为第一"，即形态和姿势，形态有俯、仰、侧、卧、依、盼等，姿势分直立、曲屈、歪斜。梅花树皮漆黑而多糙纹，其枝虬曲苍劲嶙峋、风韵洒落，有一种饱经沧桑，威武不屈的阳刚之美。梅花枝条清癯、明晰、色彩和谐，或曲如游龙，或披靡而下，多变而有规律，呈现出一种很强的力度和线条的韵律感。

▶ **任务实施**

1. 原料

红色、黑色、黄色、绿色果酱各1瓶。

2. 工具

棉签、毛巾、碟子。

3. 制作过程

☆ 工艺流程

准备原料和工具→画树干→画枝条→画梅花→画花蕊→画花苞→清洁碟子。

☆ 作品图解

梅花制作步骤图如下所示。

图2-4-1　用黑色果酱画出
树枝大形

图2-4-2　渲染树枝造型

图2-4-3　用红色果酱点出
五瓣梅花

图2-4-4　渲染梅花花朵

图2-4-5　画出梅花花蕊

图2-4-6　画出梅花枝条

图2-4-7　画出梅花花苞　　　　　图2-4-8　写上作品名

4. 技术关键

（1）注意整个作品与碟子的比例合宜。

（2）注意树枝枝干的流线感，颜色具有渐变色，呈现树木沧桑之感。

（3）花朵要有疏有密与枝干相协调。

（4）整个作品线条流畅、自然、和谐。

 相关知识

果酱直线构图法

1. 使用一条直线进行构图

在圆形或方形盘子里，利用一条直线的原则来进行构图，是最简单也是最好用的，可以用酱汁来做一条直线，也可以把菜摆成一条直线，重点是直线的位置要在中间，并且要注意两边留白。

2. 使用两条直线进行构图

两条直线的变化就更多了，你可以把它们平行并列，也可以做成交叉十字，就像一个"X"。同样也要注意留白，更重要的是掌握好两个线条之间的距离，不要过远也不要过近。线条确定好以后，就可以按这个构思来摆放食物了。

3. 使用三条水平线构图

非常适合圆形盘子的一种摆盘方式，可以很好地展示全部细节，适合原料种类多的菜，还有本身就是直线型的菜。同样要注意留白，让三条直线非常清晰。

 人文天地

梅之傲骨

梅花是中华民族与中国的精神象征，具有强大而普遍的感染力和推动力。梅花象征坚韧不拔，不屈不挠，奋勇当先，自强不息的精神品质。迎雪吐艳，凌寒飘香，铁骨冰心的崇高品质和坚贞气节鼓励了一代又一代中国人不畏艰险，奋勇开拓，创造了优秀的生活与文明。梅花的品格与气节几乎写意了中国人"龙的传人"的精神面貌。全国上至显达，下至布衣，几千年来对梅花深爱有加。"文学艺术史上，梅诗、梅画数量之多，足以令任何一种花卉都望尘莫及。"国人赏花，不仅欣赏花的外表，更欣赏花中蕴含的人格寓意和精神力量。

任务 荷花

学习目标

☆ 能够叙述荷花的特征、文化内涵及其寓意。
☆ 能够运用工具书、互联网等学习资源收集荷花果酱画盘饰的信息。
☆ 能够在规定的时间内独立完成荷花果酱画盘饰作品。

▶ **任务实施**

1. 原料

红色、黑色、黄色、绿色果酱各1瓶。

2. 工具

果酱瓶、棉签、毛巾、碟子、平底白瓷盘。

3. 制作过程

☆ 工艺流程

原料准备→定出荷叶基本图形→画出荷叶完整轮廓→定出荷花基本轮廓→渲染荷花花瓣→花蕊上色→绘制荷花枝干→点缀枝干层次→检查碟面卫生。

☆ 作品图解

荷花盘饰制作步骤图如下所示。

图2-4-9　工具原料准备　　　　图2-4-10　绘制出荷叶线条　　　图2-4-11　渲染荷叶上半部分

图2-4-12　绘制荷叶下部分线条　　图2-4-13　渲染荷叶下半部分　　图2-4-14　勾勒出荷叶中心部

图2-4-15　绘制荷叶纹路　　　　图2-4-16　绘制荷花线条轮廓　　图2-4-17　荷花花瓣上色

图2-4-18　画出荷花花蕊　　　　图2-4-19　画出荷花躯干　　　图2-4-20　完成荷花盘饰作品、
　　　　　　　　　　　　　　　　　　　　　　　　　　　　　　　　　检查碟面卫生

4. 技术关键

（1）注意荷叶的上下起伏和线条规律，整个作品与碟子的比例不能画得太大。

（2）注意荷花花瓣的流线感，有点含苞待放的感觉，颜色具有渐变色，不能画得太死板。

（3）躯干线条的勾勒与花朵比例相协调。

（4）整个作品线条流畅、纹路清晰、自然、和谐。

相关知识

果酱画盘饰概念

　　果酱画盘饰也称盘画和画盘，是利用不同颜色的果酱（如草莓果酱、蓝莓果酱、巧克力果酱、酱汁和耗油等）在盛器上画出美化菜肴的图案，图案可以是简单的线条花纹，也可是写意的花鸟鱼虫，或是略带工笔风格的写实花鸟或油画风格的风景山水。一般果酱画会根据菜肴的颜色和形状选择构图，再根据个人的水平，可繁可简，灵活多变，然后根据图案的意境重新设计菜品和造型，这样就为菜品拓展了空间，在提高菜肴质量的同时，也给人们带来视觉与味觉的双重冲击。

　　盘装艺术在现在的餐饮中非常流行，是一种新的菜肴装饰技术，就是用各种不同的果酱、花卉、水果等在盘边拼绘出漂亮的图案，用以装饰菜肴的一种方法。其中果酱画盘饰已适应了现代餐饮行业的发展，果酱画成本低，作品有意境，艺术感强，在餐饮界开启了餐饮业的"酱新时代"。

 人文天地

《荷花淀》

　　《荷花淀》是孙犁的代表作之一。选自孙犁小说、散文集《白洋淀纪事》。全文充满诗意，被称为"诗体小说"。在激烈残酷的抗日战争里，一个关系着民族存亡的大背景下，小说选取小小的白洋淀的一隅，表现农村妇女既温柔多情，又坚贞勇敢的性格和精神。在战火硝烟中，夫妻之情、家国之爱，纯美的人性、崇高的品格，像白洋淀盛开的荷花一样，美丽灿烂。

　　我们作为新时代的学生要学会像荷花一样有高尚、纯洁、谦虚、坚贞、圣洁和高雅的品质，有着冰清玉洁和高风亮节的精神。荷花生长在污泥之中，"出淤泥而不染，濯清涟而不妖"，冰清玉洁，积极向上。荷花突破水下的淤泥，钻出深水后，方才冒出水面，展示其风姿，没有非凡的毅力是做不到的。这点上，是我们要崇仰的积极向上精神，在挫折中前行、不忘初心，勇于拼搏。

任务二　喇叭花

学习目标

☆能够叙述喇叭花的特征、文化内涵及其寓意。
☆能够运用工具书、互联网等学习资源收集喇叭花果酱画盘饰的信息。
☆能够在规定的时间内独立完成果酱画盘饰——喇叭花的盘饰作品。

喇叭花又叫作牵牛花，一年生缠绕草本。其最大特征是花冠呈漏斗状，整个花朵造型和喇叭类似，颜色多呈蓝紫色和紫红色，花冠呈白色，适合在庭院中栽种。喇叭花属于藤蔓型植物，一株喇叭花能够开出多株花朵，一般在春天播种，夏秋开花，其品种很多，花的颜色有蓝、绯红、桃红、紫等，亦有混色的，花瓣边缘的变化较多，是常见的观赏植物。牵牛花叶子三裂，基部心形，花呈白色、紫红色或紫蓝色，漏斗状，全株有粗毛，花期以夏季最盛，果实卵球形，可以入药，种子亦具有药用价值。种子为常用中药，名丑牛子（云南）、黑丑、白丑、二丑（黑、白种子混合），入药多用黑丑，白丑较少用，有泻水利尿，逐痰，杀虫的功效。喇叭花在我国除西北和东北的一些省份，大部分地区有分布。

▶ **任务实施**

1. 原料

红色、紫蓝色、黑色、绿色果酱各1瓶。

2. 工具

果酱瓶、棉签、毛巾、碟子、平底白瓷盘。

3. 制作过程

☆ 工艺流程

原料准备→定出喇叭花基本图形→手抹喇叭花花瓣→定叶子基本轮廓→渲染叶子→点缀花蕊→绘制喇叭花枝干→点缀枝干层次→检查碟面卫生。

☆ 作品图解

荷花盘饰步骤图如下所示。

图2-4-31　工具原料准备

图2-4-32　绘制出喇叭花线条

图2-4-33　渲染花瓣上半部分

图2-4-34　绘制喇叭花下部分线条

图2-4-35　渲染花瓣下半部分

图2-4-36 按步前置骤画出第二朵　图2-4-37 渲染喇叭花枝叶轮廓　图2-4-38 绘制喇叭花花蕊

图2-4-39 画出喇叭花躯干

图2-4-40 点缀躯干和枝叶纹理　　　图2-4-41 完成喇叭花盘饰作品、检查碟面卫生

4. 技术关键

(1) 注意喇叭花花瓣手抹下拉线条长度不能太短，花朵成长条型尖椎喇叭状。

(2) 注意喇叭花花瓣瓣数为八九瓣，颜色由深入浅成鲜花绽放的感觉，没有花苞。

(3) 花朵线条的勾勒与枝叶比例相协调，枝干为扭曲长条状。

(4) 整个作品线条流畅、纹路清晰、自然、和谐。

 相关知识

果酱画盘饰的优势

果酱画盘饰是把烹饪美学要素和中国传统国画、书法的技法及表现形式融入到菜肴的装饰中，给顾客增添了视觉美，是一种高雅艺术的展现。果酱画盘饰具有以下优势：①果酱画盘饰取材方便、原料易购，造型美观、独特的果酱画盘饰可以增强宾客的食欲，提升就餐情趣；②这门艺术拓宽了就业渠道，降低了酒店的运营成本，提高了菜品美观度和整体质量，提升了酒店的档次，对酒店菜品的包装起到一定的作用，同时也展现了厨师高超的技艺，弘扬了中国优秀的传统文化；③它有助于烹饪专业的发展和专业建设，彰显出烹饪专业课程建设的特色和创新之处，推动了烹饪专业教育教学的改革和发展，有助于学生职业素养、人文素养、工匠精神的培养和岗位能力的提升。

 人文天地

《牵牛花》

林逋山

圆似流泉碧翦纱，墙头藤蔓自交加。

天孙滴下相思泪，长向秋深结此花。

喇叭花因其生命力十分旺盛，不需要过多的养料与照顾，自己便能生长得很好，因此喇叭花的花语有坚持的意思，代表着看似柔弱，实则坚韧不拔。

诗的后两句采取了虚写的手法。牵牛花一般从七月开花，越开越盛，直到深秋。这一特点有异于他花，如何描写，确实不易。诗人运用丰富的想象，采取了民间牛郎织女的神话传说。"天孙滴下相思泪，常向秋深结此花。""天孙"星名，即织女星。这两句是说，天上的织女流下许多相思泪，年年洒向人间，在深秋季节里化育出这样美丽的花朵。"结此花"指牵牛花。牵牛花与牵牛星的"牵牛"两字相同，不由得使人联想到牛郎与织女的美丽传说，并想到他们每年"七夕"相会时的欢乐和长期分别的痛苦之情。

牵牛花是一种野花，所以非常平民化而且会让人感觉很亲切，因平凡朴实的特性代表着平实无华的爱情，但是又因为只在早上开花，所以给人一种渺茫短暂的感觉，象征着美好转瞬即逝，年轻的时光非常短暂，提醒要加倍珍惜。

我们作为新时代的祖国花朵要像喇叭花一样在艰难困苦的环境中学会照顾自己，顽强拼搏、克服困难。看似柔弱的花朵，却有着坚韧不拔的精神。同学们要像牵牛花一样，只要坚持不放弃，默默地努力，默默地吸收养分，那么就算再艰苦的环境，也能绽放出美丽的人生。

项目五 糖艺盘饰

▶ 项目目标

1. 通过本项目的学习，了解糖艺的基础知识，掌握糖艺盘饰的操作步骤和操作要领。

2. 掌握糖艺中拉糖和吹糖手法的运用与技巧，并能够运用到实际工作当中，为全面掌握糖艺的制作和设计打下良好基础。

3. 养成遵守规程、安全操作、整洁卫生的良好习惯，并正确认识糖艺的实用性，增强对本专业的情感认知。

▶ 项目介绍

糖艺是一门艺术，它是利用砂糖、葡萄糖或饴糖等经过配比、熬制、拉糖、吹糖等造型方法加工处理，制作出具有观赏性、可食性和艺术性的独立食品或食品装饰插件的加工工艺。糖艺制品色彩丰富绚丽，质感别透，三维效果清晰，是餐饮行业中最奢华的展示品或装饰原料。糖艺最突出的特点是造型，无论多好的零散糖艺制品，没有巧妙的创意和构思，也无法形成一件完美的糖艺制品。糖艺所体现的价值绝不仅仅在于"美食"这一点上，它是美的艺术享受！糖，不仅是一种食物，还能用来制成能供人们欣赏的艺术品。

我们看到糖艺盘饰、糖艺看盘、糖艺展台，还有用糖艺装饰的甜点、蛋糕等，给人以色、香、味、形、器的全面感觉，从中得到美的艺术享受。

本项目通过学习牵牛花、牡丹花、蘑菇等，熟练掌握糖艺工具的运用和了解糖艺中熬制、压模、拉糖、吹糖等技法在实际工作过程中的具体运用，糖艺盘饰是初学者学习糖艺技艺的入门基础作品，也是最能体现初学者糖艺基本功的作品之一，操作者要扎实掌握糖艺的各种操作手法，这样才能在今后的工作过程中及时、准确判断出糖艺成型所需的手法，从而不断变化各种手法来辅助完成一个糖艺作品的制作。

任务一 牵牛花

学习目标

☆ 能够叙述糖艺牵牛花盘饰的文化内涵及在实际工作中的运用。

☆ 能够运用工具书、互联网等学习资源收集糖艺牵牛花盘饰的制作相关信息。

☆ 能够按照制作过程制作一个完整的牵牛花盘饰。

牵牛花又称喇叭花，因花形酷似喇叭状而得名，其品种很多，花的颜色有蓝、绯红、桃红、紫等，亦有混色的，花瓣边缘的变化较多，是常见的观赏植物。牵牛花虽然朝开夕落，不及其他花朵名贵艳丽，可它每天如此执着而坚持地开花，从来不曾消极对待。因此，牵牛花也代表了勤劳、坚强、朴实，拥有正面和积极的象征意义。

喇叭花的制作是学习糖艺盘饰的重点，也是学习糖艺的入门基础。通过学习喇叭花，可以逐渐掌握糖艺中的拉糖手法和糖艺模具的使用技巧，为以后的学习打下坚实的基础。同时，喇叭花的造型和色彩搭配方面对于提高菜肴的色、形方面也有很大的帮助。

▶ **任务实施**

1. 原料

艾素糖1斤。

2. 工具

糖艺灯、糖艺刀、打火机、不粘垫、电磁炉、奶锅、糖艺手套、剪刀。

3. 制作过程

☆ 工艺流程

准备原料和工具→拉糖→做喇叭花→做叶子→做藤蔓→做糖圈→做底座→组装。

☆ 作品图解

牵牛花制作步骤图如下所示。

图2-5-1　准备五种颜色的糖块

图2-5-2　将糖拉亮

图2-5-3　用树叶模压出叶子

图2-5-4　用喇叭花模压出花朵

图2-5-5　粘上花心

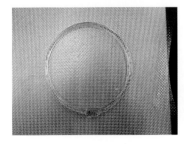

图2-5-6　拉一根糖条围成糖圈

图2-5-7　将糖做成石头状

图2-5-8　用筷子缠绕出藤蔓

图2-5-9　将糖圈粘接到底座上

图2-5-10　粘上2朵喇叭花

图2-5-11　粘上叶子

图2-5-12　粘上藤蔓

图2-5-13　粘上糖丝做背景

图2-5-14　用黑色果酱做点缀

4. 技术关键

（1）花朵和叶子压纹路出来后要及时整理造型。

（2）用模具压糖时，应掌握糖的软硬度。

（3）喇叭花组装时不要统一一个朝向。

（4）组装时要注意作品层次高低错落，造型美观。

 相关知识

糖艺盘饰的作用及特点

糖艺在现代菜肴盘饰中的运用对传统菜肴盘饰起到了明显的补缺作用，但是糖艺的作用不仅仅是补缺，其功能在运用中呈现日益多元化的特征，具体表现在以下几个方面：①提高菜肴档次，增进顾客食欲；②主题鲜明，渲染就餐气氛；③巧妙搭配其他盘饰作品；④对菜肴色彩进行弥补；⑤对菜肴形状进行弥补；⑥色泽艳丽，造型逼真；⑦具有食用性和观赏性；⑧操作方便，能批量生产。

人文天地

　　有个老木匠准备退休，他告诉老板，说要离开建筑行业，回家与妻子儿女享受天伦之乐。老板问他是否能帮忙再建一座房子，老木匠说可以。但是大家后来都看得出来，他的心已不在工作上，他用的是软料，出的是粗活。房子建好的时候，老板把大门的钥匙递给他时说："这是你的房子，我送给你的礼物"。老木匠震惊得目瞪口呆，羞愧得无地自容。如果他早知道是在给自己建房子，他怎么会这样呢？现在他得住在一幢粗制滥造的房子里！

　　生活中我们又何尝不是这样，我们漫不经心地"建造"自己的生活，不积极行动，而是消极应付，凡事不肯精益求精，在关键时刻不能尽最大努力。等我们惊觉自己的处境，早已深困在自己建造的"房子"里了。你的生活是你一生唯一的创造，不能抹平重建，即使只有一天可活，那一天也要活得优美、高贵，墙上的铭牌上写着："生活是自己创造的"。

任务二　牡丹花制作

学习目标

☆ 能够叙述糖艺牡丹花盘饰的文化内涵及在实际工作中的运用。
☆ 能够运用工具书、互联网等学习资源收集糖艺牡丹花盘饰的制作相关信息。
☆ 能够按照制作过程制作一个完整的牡丹花盘饰。

　　牡丹曾被当作中国的国花，因其花大而香，故又有"国色天香"之称。牡丹花色泽艳丽，品种繁多自古被拥戴为花中之王，文化和绘画作品丰富，有着圆满、富贵、雍容华贵之意也象征着期待、淡淡的爱，用心付出，高洁、守信的人。在中国中不少地方用牡丹鲜花瓣来烹饪做成牡丹羹，也有将食材加工成牡丹花形状的。

▶ 任务实施

1. 原料

艾素糖1斤。

2. 工具

糖艺灯、糖艺刀、打火机、不粘垫、电磁炉、奶锅、糖艺手套、剪刀。

3. 制作过程

☆ 工艺流程
准备原料和工具→熬糖→糖块上色→拉花瓣→做花心→包花瓣→做叶子→做装饰品→组装。
☆ 作品图解
牡丹花制作步骤图如下所示。

图2-5-17 将糖拉扯、对折把色素拉均匀

图2-5-15 将糖熬至180℃时倒出　　图2-5-16 取一小块糖加入橙黄色素后　　图2-5-18 取小块糖加入绿色素后拉均匀

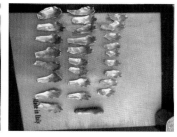

图2-5-19 糖块边沿扭曲出花瓣锯齿形状　　图2-5-21 将花瓣拉出　　图2-5-21 拉出三层花瓣

图2-5-22 粘上黄色颗粒糖做花蕊　　图2-5-23 粘接第一层花瓣　　图2-5-24 粘接第二层花瓣

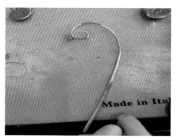

图2-5-25 粘接第三层花瓣　　图2-5-26 用糖艺刀压出叶子的纹路　　图2-5-27 拉出装饰线条

图2-5-28 将配件组装在底座上

4. 技术关键

（1）拉花瓣时要控制糖的温度。

（2）注意叶子翻卷的造型，不能太厚。

（3）粘接花瓣时注意层次分明，花瓣高低错落。

（4）组装时要注意花心向着前方。

 相关知识

糖艺的保存方法

（1）熬制好的糖体保存在密闭的保鲜盒内，最好再倒入些硅胶干燥剂，不要频繁打开，这样的糖体可以保存几个月。

（2）制作作品的时候，为了操作过程里糖体不吸潮溶化，操作间湿度控制在40%以下，选用大功率的抽湿机除潮，或用生石灰放置在室内吸潮。

（3）在作品表面喷一层食用糖艺胶来隔绝空气里的潮气。

（4）大型糖艺作品可以用密闭的玻璃罩来保存成品。

 人文天地

世界冠军——蔡叶昭

2016年9月，蔡叶昭作为种子选手参加第44届中国区世界技能大赛并荣获了中国区烘焙面包项目的冠军，紧接着又于2017年10月代表中国出征阿布扎比，一举拿下了第44届世界技能大赛烘焙项目的世界冠军，并于10月21日跟随第44届世界技能大赛中国代表团从阿布扎比返回首都北京，在北京受到党和国家领导人的欢迎与接见。

一位职业教育的学生披上战衣为国出战荣登巅峰，在许多人眼中遥不可及的事情在蔡叶昭身上完美诠释出来，勤学苦练技能的基本功是今后我们在职场上、在赛场上所向披靡的武器，努力付出则是我们坚强的后盾，将一件事情做到极致是我们每一位职业教育的学生们所需要追求的人生目标。

任务三　蘑菇

 学习目标

☆能够叙述糖艺蘑菇盘饰的文化内涵及在实际工作中的运用。

☆能够运用工具书、互联网等学习资源收集糖艺蘑菇盘饰的制作相关信息。

☆能够按照制作过程制作一个完整的蘑菇盘饰。

蘑菇是生活中最常见的一种营养丰富的食用菌，是多种菜肴的理想配料。蘑菇代表生命的力量，也象征着有活力、朝气蓬勃，还有意外收获的寓意。依据蘑菇的造型，古人创造了如意的形象，代表着吉祥如意，健康长寿的意思。蘑菇还有着能够升官发财，生意兴隆的寓意。蘑菇因其艳丽的色彩，高低错落的造型以及优美的线条曲线常被运用到大型糖艺作品中来丰富作品的颜色和造型，在盘饰中可以很好地弥补菜肴色彩或者造型的不足。

▶ **任务实施**

1. 原料

艾素糖1斤。

2. 工具

糖艺灯、糖艺刀、打火机、不粘垫、电磁炉、奶锅、糖艺手套、剪刀。

3. 制作过程

☆ 工艺流程

准备原料和工具→拉糖→吹大形→捏蘑菇盖→整理造型→上色→做底座→组装成型。

☆ 作品图解

蘑菇制作步骤图如下所示。

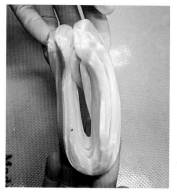
图2-5-29 将糖块来回拉白

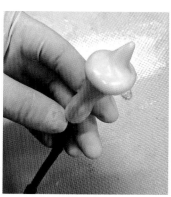
图2-5-30 用气囊吹出大形

图2-5-31 捏蘑菇盖

图2-5-32 整理造型

图2-5-33 蘑菇上色

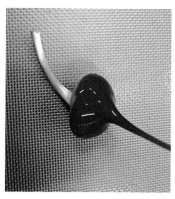
图2-5-34 蘑菇成品

图2-5-35　绿色糖块做底座

图2-5-36　将高的蘑菇粘接底座上

图2-5-37　在根部在粘一朵蘑菇

图2-5-38　粘接一朵小蘑菇

图2-5-39　在后面粘接一朵蘑菇

图2-5-40　用白色糖做装饰

4. 技术关键

（1）拉糖时不能一次性拉过量要控制力度。

（2）吹糖时要边打气边整理造型。

（3）蘑菇上色时要注意糖浆的温度不能太高或太低。

（4）组装时要注意作品高低错落，造型美观。

图2-5-41　用黄色糖块点缀底座

相关知识

民间吹糖技艺

糖艺在以前叫"糖活儿"，一种是社会上流行的"吹糖人"，所用的原料主要是自己熬制的饴糖（也称转化糖），糖体为咖啡色，在常温下为块状，敲碎之后要慢慢加热，然后快速造型。熬制饴糖的主要原料是淀粉，师傅们都有自己独到的配方和熬制方法，他们熬制饴糖没有专用的设备和仪器，使用简单的土锅土灶，整个过程都凭借经验来判断，所以操作者必须小心翼翼和不断总结经验。"吹"糖者也多为民间艺人，在寒冷的冬季或干燥的季节，身担火炉，走街串巷、沿街叫卖。他们将糖体加热到合适的温度，揪下一团，揉成圆球，用食指沾上少量淀粉压一个深坑，收紧外口，快速拉出，到一定的细度时，猛地折断糖棒，此时，糖棒犹如细管，立即用嘴巴鼓气、造型。整个操作过程必须经过苦练，手法要准确、造型要简洁生动。这门技艺的传承方式也比较传统，一般是以家庭（或村）为单位，传男不传女。这门手艺在我国北方比较常见，北方的气候凉爽干燥，有适合吹制糖人的环境。现今从事这门手艺的人很少，春节和庙会期间仍有人表演，属于民俗中比较传统的节目。吹糖人这一行走向冷落的原因很简单：一是用嘴巴吹出的糖人，虽然属于糖制品，但是只能观赏，不能食用，不符合卫生要求；二是糖制品极易溶化，不能成为观赏品存放相对较长的时间；三是选用材质的色彩单调、质感平淡。

"糖人"是优秀的民间艺术，是民间美术和民间工艺的结合体，具有独特的美学价值。随着国家对非物质文化遗产的保护和科技的发展，现今吹糖技艺也在发展。

 人文天地

杂交水稻之父——袁隆平

2004年，袁隆平当选为"感动中国"年度人物，大会给他的颁奖词中这样写道："他是一位真正的耕耘者。当他还是一个乡村教师的时候，已经具有颠覆世界权威的胆识；当他名满天下的时候，却仍然只是专注于田畴，淡泊名利，一介农夫，播撒智慧，收获富足。他毕生的梦想，就是让所有人远离饥饿。喜看稻菽千重浪，最是风流袁隆平！"这正是袁隆平一生的写照，他用他的人生诠释了胸怀天下、无私奉献的精神。

在今后的日子里，我们要将袁隆平精神的种子传承下去，学习他热爱党、热爱祖国、热爱人民，信念坚定、矢志不渝，勇于创新、朴实无华的高贵品质，学习他以祖国和人民需要为己任，以奉献祖国和人民为目标，一辈子躬耕田野，脚踏实地把科技论文写在祖国大地上的崇高风范。

在时代的舞台上施展才华，在真刀真枪的实干中成就事业，书写奉献的青春之歌，为祖国的建设贡献自己的一份力量。